高水头电站调节保证计算分析研究

高普新　马韧韬　杨　旭　著

黄河水利出版社
·郑州·

内 容 提 要

本书主要结合高水头电站调节保证计算实例,对高水头电站调节保证计算的边界条件、工况选择和计算结果进行分析和研究。全书主要分为五个部分:第一部分过渡过程计算理论及方法,主要论述大波动、小波动及水力干扰计算的计算理论、计算方法及基本公式;第二部分典型工程设计条件,主要论述科哈拉水电站、齐热哈塔尔水电站及JH水电站等三个电站工程设计条件,确定设计参数、计算控制值;第三部分过渡过程计算,对三个电站进行详细计算;第四部分结论与分析,对前述的计算结果进行对比分析;附录提供了相关过渡过程的图形和数据。

本书可供水利水电工程设计、施工、运行人员使用,也可供科研人员、大专院校相关专业师生参考使用。

图书在版编目(CIP)数据

高水头电站调节保证计算分析研究/高普新,马韧韬,杨旭著. 郑州:黄河水利出版社,2018.7

ISBN 978-7-5509-2092-7

Ⅰ.①高… Ⅱ.①高… ②马… ③杨… Ⅲ.①高水头-水力发电站-设计计算 Ⅳ.①TV73

中国版本图书馆CIP数据核字(2018)第177669号

出 版 社:黄河水利出版社

地址:河南省郑州市顺河路黄委会综合楼14层　　邮政编码:450003

发行单位:黄河水利出版社

发行部电话:0371-66026940、66020550、66028024、66022620(传真)

E-mail:hhslcbs@126.com

承印单位:河南新华印刷集团有限公司

开本:787 mm×1 092 mm　1/16

印张:10.25

字数:252千字　　印数:1—1 000

版次:2018年7月第1版　　印次:2018年7月第1次印刷

定价:38.00元

前　言

高水头水电站工程通常指水电站发电水头大于200 m的水电站工程。一般修建在河流上游的高山峡谷地区，多数为引水式或混合式水电站。高水头水电站大多数无调节库容，调节能力低，多为日调节或者月调节，一般以径流发电为主。高水头水电站上、下游水位一般相对稳定，水头变化幅度不大，出力和发电量主要取决于来水量。

随着国内外水电市场开发的深入，高水头水电站越来越受到开发者的重视，水库库容小，上游水库淹没面积小，环境污染和环境破坏小，更能突显水电作为清洁型再生能源的优点。高水头水电站在近年来得到了较快的发展，设计的单机容量和水头都大幅度提高。但随着容量的增大和水头的提高，其发生事故的影响及危害的范围越来越大，引起了对高水头引水式电站长期连续安全稳定运行问题的广泛关注，电站调节保证研究已成为电站建设之初需重点关注的关键技术问题之一。

高水头引水式电站在日常运行中，由于工作条件的变化，导致水轮机从一个工况转换到另一个工况，伴随着工况参数的变化，电网频率、调压井水位、压力钢管压力、机组倒转转速、进水管压力等都会发生复杂的变化，对于管线、设备都是一个严峻的考验。高水头引水式电站过渡过程主要包括大波动情况下的过渡过程（包括突甩负荷、突增负荷等）、小波动情况下调节系统的稳定、调压室及其波动、水力扰动等。

本书结合典型的高水头引水式电站，包括巴基斯坦科哈拉（额定水头292.00 m）水电站工程、齐热哈塔尔（额定水头311.49 m）水电站工程及JH（额定水头296.00 m）水电站工程的调节保证计算实例，根据国内外规范，对高水头电站的过渡过程进行计算及敏感性分析。通过详细计算分析电站的大波动过渡过程、小波动过渡过程及水力干扰过渡过程，得出一定的经验及结论，为日后其他高水头电站的设计参数选择、经济技术比较等方面提供参考。

本书在撰写过程中，得到各方领导的大力支持，在此表示衷心感谢。

由于作者本身水平有限，书中难免有不当之处，尚待同行批评指正。

作　者

2018年5月

目 录

1　过渡过程计算理论及方法

1.1　调压室稳定断面计算理论

不考虑调速器的作用,假定机组出力为常数时得到的上游调压室的托马稳定断面面积的理论计算公式如下:

$$F_{th}=\frac{Lf}{2g\left(\alpha+\frac{1}{2g}\right)(H_0-h_{w0}-3h_{wm})} \tag{1-1}$$

式中　L、f——压力引水道的长度与断面面积;

g——重力加速度;

α——水库至调压室水头损失系数;

H_0——发电最小净水头;

h_{w0}——压力引水道水头损失;

h_{wm}——压力管道水头损失

稳定断面计算公式和原则,亦适用于压力尾水道上单独设置的调压室,但需将压力引水道改为压力尾水道,压力管道改为尾水管后延伸段的长度、断面面积、水头损失系数等数值,用α代替$\alpha+\frac{1}{2g}$。

1.2　大波动过渡过程计算理论与计算方法

1.2.1　有压管道非恒定流数学模型和特征线法

有压管道非恒定流基本方程为:

连续方程
$$VH_x+H_t+\frac{a^2}{g}V_x-\sin\theta\cdot V=0 \tag{1-2}$$

动量方程
$$gH_x+VV_x+V_t+\frac{S}{8A}fV|V|=0 \tag{1-3}$$

式中　H——以某一水平面为基准的测压管水头;

V——管道断面的平均流速;

A——管道断面面积;

θ——管道各断面形心的连线与水平面所成的夹角;

S——湿周;

f——Darcy-Weisbach 摩阻系数;

a——水击波传播速度。

式(1-2)和式(1-3)是一组拟线性双曲型偏微分方程,可采用特征线法将其转化为两个在特征线上的常微分方程：

$$C^{+}:\begin{cases}\dfrac{\mathrm{d}H}{\mathrm{d}t}+\dfrac{a}{g}\dfrac{\mathrm{d}V}{\mathrm{d}t}-V\sin\theta+\dfrac{aS}{8gA}fV|V|=0\\ \dfrac{\mathrm{d}x}{\mathrm{d}t}=V+a\end{cases}\tag{1-4}$$

$$C^{-}:\begin{cases}\dfrac{\mathrm{d}H}{\mathrm{d}t}-\dfrac{a}{g}\dfrac{\mathrm{d}V}{\mathrm{d}t}-V\sin\theta-\dfrac{aS}{8gA}fV|V|=0\\ \dfrac{\mathrm{d}x}{\mathrm{d}t}=V-a\end{cases}\tag{1-5}$$

上述方程沿特征线 C^{+} 和 C^{-} 积分，其中摩阻损失项采取二阶精度数值积分，并用流量代替断面流速，经整理得：

$$C^{+}:Q_P=QCP-CQP\cdot H_P\tag{1-6}$$

$$C^{-}:Q_P=QCM+CQM\cdot H_P\tag{1-7}$$

式(1-6)和式(1-7)为二元一次方程组，十分便于求解管道内点的 Q_P 和 H_P。计算中时间步长和空间步长的选取，需满足库朗稳定条件

$$\Delta t\leqslant\frac{\Delta x}{|V+a|}\tag{1-8}$$

否则计算结果不能收敛。

1.2.2 水轮发电机组边界条件

1.2.2.1 机组启动

机组启动过渡过程研究的主要问题是寻求合理的启动方式，以使机组的启动时间短、启动终了时平稳，无转速的过大振荡。启动过程合理控制方式的选择对系统事故备用水轮机组尤为重要，因为延长启动、并列的时间，将影响整个电力系统的供电可靠性。

机组启动采用“开环＋闭环”的开机规律，该种模式下的开机原理是：机组在停机状态下，调速器接到开机命令后，在开度控制方式下，将开度给定设置为启动开度，频率给定设定为 40 Hz。开度迅速开大到启动开度，当频率上升至 40 Hz 时，采用频率调节，PID 调节自动投入，并且频率给定值开始按设定规律从 40 Hz 自动增加到 50 Hz，机组频率将比较平稳地进入到 50 Hz。

启动过程中，机组未并入电网，水轮发电机负荷阻力矩为 0。因此，机组边界条件含有 10 个未知数，即转轮进口侧测压管水头 H_P(m)、流量 Q_P($\mathrm{m^3/s}$)，转轮出口侧测压管水头 H_S(m)、Q_S($\mathrm{m^3/s}$)，单位转速 n_1'(r/min)，单位流量 Q_1'(L/s)，单位力矩 M_1'(N·m)，水轮机力矩 M_t(N·m)，水轮机转速 n(r/min)，接力器行程 y。对应的基本方程如下：

$$Q_P=Q_S\tag{1-9}$$

$$Q_P=Q_1'D_1^2\sqrt{(H_P-H_S)+\Delta H}\tag{1-10}$$

$$C^{+}:Q_P=Q_{CP}-C_{QP}\cdot H_P\tag{1-11}$$

$$C^{-}:Q_S=Q_{CM}+C_{QM}\cdot H_S\tag{1-12}$$

$$n_1'=n_r D_1/\sqrt{(H_P-H_S)+\Delta H}\tag{1-13}$$

$$M_1' = B_1 + B_2 \cdot n_1' \tag{1-14}$$

$$M_1' = f_1(n_1', y) \tag{1-15}$$

$$M_t = M_1' D_1^3 (H_P - H_S + \Delta H) \tag{1-16}$$

$$n = n_0 + 0.187\,5(M_t + M_{t0})\Delta t / GD^2 \tag{1-17}$$

式中，$\Delta H = \left(\frac{\alpha_P}{2gA_P^2} - \frac{\alpha_S}{2gA_S^2}\right)Q_P^2$，$D_1$ 为转轮直径。下标“0”表示上一计算时段的已知值。式(1-13)和式(1-14)是以直线方程的型式分别代表水轮机瞬时工况点的流量特性和力矩特性。

9 个方程，10 个未知数，还需引入 1 个方程。在开环开机阶段（机组转速≤80% n_r），n_r 为额定转速(r/min)，调速器不参与调节，给定接力器行程 $y=f(t)$；在闭环开机阶段（机组转速 >0.8n_r），转速给定值按一定的变化斜率由 0.8n_r 上升到 n_r，引入调速器方程。采用如图 1-1 所示的并联 PID 型调速器，其微分方程的表达式为：

$$b_p T_d T_n T_y \frac{\mathrm{d}^3 y}{\mathrm{d}t^3} + (b_p T_d T_n + b_t T_d T_y + b_p T_d T_y)\frac{\mathrm{d}^2 y}{\mathrm{d}t^2} + (T_d b_t + b_p T_d + b_p T_y)\frac{\mathrm{d}y}{\mathrm{d}t} + b_p y = -\left(T_d T_n \frac{\mathrm{d}^2 x}{\mathrm{d}t^2} + T_d \frac{\mathrm{d}x}{\mathrm{d}t} + x\right) \tag{1-18}$$

式中 x——转速偏差值，$x = \frac{n - n_{给}}{n_r}$；

b_p、b_t、T_d、T_n——调速器参数。

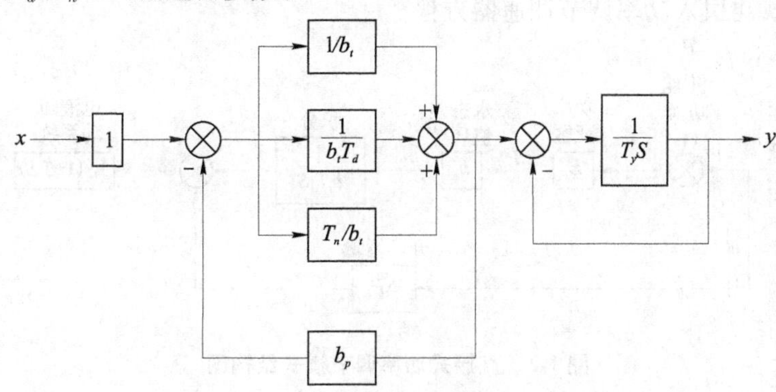

图 1-1　并联 PID 型调速器方块图

1.2.2.2　空载扰动

空载扰动为频率扰动，频率阶跃扰动下的并联 PID 型调速器微分表达式为：

$$b_p T_d T_n T_y \frac{\mathrm{d}^3 y}{\mathrm{d}t^3} + (b_p T_d T_n + b_t T_d T_y + b_p T_d T_y)\frac{\mathrm{d}^2 y}{\mathrm{d}t^2} + (T_d b_t + b_p T_d + b_p T_y)\frac{\mathrm{d}y}{\mathrm{d}t} + b_p y = -\left(T_d T_n \frac{\mathrm{d}^2 (x+\Delta x)}{\mathrm{d}t^2} + T_d \frac{\mathrm{d}(x+\Delta x)}{\mathrm{d}t} + (x+\Delta x)\right) \tag{1-19}$$

式中　x——转速偏差值 $x = \frac{n - n_{初}}{n_r}$；

Δx——转速阶跃相对值。

空载扰动下的其他机组边界方程如式(1-9)～式(1-17)所示。

1.2.2.3 机组增、减负荷

机组增、减负荷时，机组联入电网，对于机组增减负荷具有3种调节模式：频率调节、功率调节、开度调节。

(1)频率调节数学模型

机组并入小电网或孤立电网运行，机组在并入大电网以调频方式运行时，机组增减负荷一般采用频率调节。频率调节采用并联PID调节规律。

频率调节数学模型与机组启动数学模型基本相同，式(1-9)～式(1-16)、式(1-19)不变，将式(1-17)改为：

$$n=(n_0+0.1875(M_t+M_{t0}-M_g-M_{g0}+2e_gM_r)\Delta t/GD^2)/(1+e_g\Delta t/T_a) \quad (1\text{-}20)$$

式中 T_a——机组加速时间常数；

e_g——电网负荷自调节系数。

下标 t、g 分别表示水轮机和发电机，下标0表示上一计算时段的已知值，下标 r 表示额定值。M_g 随时间的变化需给定。

(2)功率调节数学模型

机组并入大电网运行、受水电站AGC(自动发电控制)系统控制时，机组增减负荷一般采用功率调节。功率采用如图1-2所示的PI调节规律。并入大电网，水轮发电机组增减负荷时，可认为机组转速 n_r 始终不变，因此，机组边界条件含有9个未知数。式(1-9)～式(1-16)不变，再引入功率调节调速器方程。

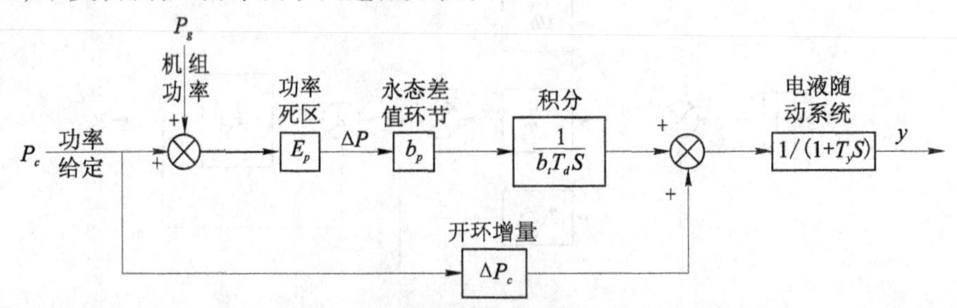

图1-2 直接式功率调节模式结构图

由图1-2得出功率调节模式的调速器方程：

$$T_y\frac{dy}{dt}+y(t)=K\Delta P_c+b_p\cdot\frac{1}{b_tT_d}\cdot\int_0^t(P_c-P_g)dt \quad (1\text{-}21)$$

式中 K——开环放大系数；

b_p、b_t、T_d——调速器参数。

由式(1-9)～式(1-16)及式(1-21)组成功率调节数学模型。

(3)开度调节数学模型

机组并入大电网时，机组功率传感器有故障，此时由功率调节模式转换到开度调节模式，来实现机组增减负荷。开度调节仅作为功率调节失效后的替补手段。在开度调节模式下，即给定接力器行程 y 随时间的变化，y 为已知量，同时机组转速 n_r 始终不变，因此，机组边界条件含有 8 个未知数。式(1-9) ~ 式(1-16)即可组成开度调节数学模型。

机组在正常发电运行中,因自身的重大事故而引起机组解列时,机组丢弃负荷后,导叶将迅速关闭至 0,从而最终导致机组停机。机组紧急事故停机时,水轮发电机负荷阻力矩为 0,接力器行程 y 按事先给定的规律关闭,调速器不参与调节。因此,此时机组边界条件含有 9 个未知数。式(1-9) ~ 式(1-17)即可组成机组紧急事故停机数学模型。

1.2.2.4 机组突甩负荷

(1)机组自身事故甩负荷

机组在正常发电运行中,因自身的重大事故而引起机组解列时,机组丢弃负荷后,导叶将迅速关闭至 0,从而最终导致机组停机。机组紧急事故停机时,水轮发电机负荷阻力矩为 0,接力器行程 y 按事先给定的规律关闭,调速器不参与调节。因此,此时机组边界条件含有 9 个未知数。式(1-9) ~ 式(1-17)即可组成机组紧急事故停机数学模型。

(2)机组外界事故甩负荷

机组在正常发电运行时,如因线路故障引起开关跳闸,机组突然丢弃负荷,导水机构将关闭至空载。机组突甩负荷时,机组负荷阻力矩为 0,首先导水机构迅速按即定规律关闭,机组转速迅速上升,调速器参与调节跟踪机组转速,经几次转速波动,机组稳定在额定转速下空载运行。式(1-9) ~ 式(1-18)即可组成机组突甩负荷数学模型。

1.2.3 调压室边界条件

在一机一洞的条件下,阻抗式调压室的边界条件为:

(1)调压室底部进水侧特征线方程 C_1^+ 和出水侧特征线方程 C_2^-:

$$C_1^+: Q_{P1} = QCP_1 - CQP_1 \cdot H_{P1} \tag{1-22}$$

$$C_2^-: Q_{P2} = QCM_2 + CQM_2 \cdot H_{P2} \tag{1-23}$$

(2)调压室流量连续方程:

$$Q_{P1} = Q_{PT} + Q_{P2} \tag{1-24}$$

式中 Q_{PT}——流进调压室的流量。

(3)调压室底部衔接的能量方程

$$H_{P1} + \frac{Q_{P1}^2}{2gA_{P1}^2} - \frac{\zeta_1}{2gA_{P1}^2} Q_{P1} |Q_{P1}| = E \tag{1-25}$$

$$H_{P2} + \frac{Q_{P2}^2}{2gA_{P2}^2} - \frac{\zeta_2}{2gA_{P2}^2} Q_{P2} |Q_{P2}| = E \tag{1-26}$$

$$H_{PT} + \frac{Q_{PT}^2}{2gA_d^2} = E \tag{1-27}$$

式中 H_{PT}、E、A_d——调压室底部的测压管水头、能量水头和过流面积;

ζ_1、ζ_2——管道的局部损失系数。

(4)调压室水位变化方程:

$$Z_{PT} = H_{PT} + ZZ_2 - \zeta_T \cdot Q_{PT} |Q_{PT}| \tag{1-28}$$

$$Z_{PT} = Z_T + \Delta t (Q_{PT} + Q_T)/(A_{PT} + A_T) \tag{1-29}$$

式中　Z_{PT}, Z_T——调压室现时段和前一时段的水位；

A_{PT}, A_T——与 Z_{PT}, Z_T 相对应的调压室横截面的面积；

Q_{PT}, Q_T——现时段和前一时段流进调压室的流量；

ζ_T——调压室孔口的阻抗系数；

ZZ_2——基准面的高程。

上述方程可以化简成：

$$F_1 = QCP_1 - CQP_1\left(E - \frac{Q_{P1}^2 - \zeta_1 Q_{P1}|Q_{P1}|}{2gA_{P1}^2}\right) - Q_{P1} = 0 \tag{1-30}$$

$$F_2 = QCM_2 + CQM_2\left(E - \frac{Q_{P2}^2 - \zeta_2 Q_{P2}|Q_{P2}|}{2gA_{P2}^2}\right) - Q_{P2} = 0 \tag{1-31}$$

$$F_4 = E + ZZ_2 - \zeta_T Q_{PT}|Q_{PT}| - \frac{Q_{PT}^2}{2gA_d^2} - Z_T - \Delta t\frac{Q_{PT} + Q_T}{A_{PT} + A_T} \tag{1-32}$$

$$F_5 = Q_{P1} - Q_{P2} - Q_{PT} \tag{1-33}$$

用牛顿辛普生方法求解上述方程。若有多根管道与调压室连接,可分别列出各管道的特征线方程和能量方程,用同样方法求解。

1.2.4　岔管边界条件

一进两出岔管进水侧特征线方程 C_1^+ 和出水侧特征线方程 C_2^-、C_3^-：

$$C_1^+: Q_{P1} = QCP_1 - CQP_1 \cdot H_{P1} \tag{1-34}$$

$$C_2^-: Q_{P2} = QCM_2 - CQM_2 \cdot H_{P2} \tag{1-35}$$

$$C_3^-: Q_{P3} = QCM_3 + CQM_3 \cdot H_{P3} \tag{1-36}$$

岔管流量连续方程：

$$Q_{P1} - Q_{P2} - Q_{P3} = 0 \tag{1-37}$$

岔管衔接的能量方程：

$$H_{P1} + \frac{Q_{P1}^2}{2gA_{P1}^2} - \frac{\zeta_{1-2}}{2gA_{P1}^2}Q_{P1}|Q_{P1}| = H_{P2} + \frac{Q_{P2}^2}{2gA_{P2}^2} \tag{1-38}$$

$$H_{P1} + \frac{Q_{P1}^2}{2gA_{P1}^2} - \frac{\zeta_{1-3}}{2gA_{P1}^2}Q_{P1}|Q_{P1}| = H_{P3} + \frac{Q_{P3}^2}{2gA_{P3}^2} \tag{1-39}$$

式中　Q_{Pi}、H_{Pi}——各连接管道的流量和水头；

ζ_{1-2}、ζ_{1-3}——岔管的局部损失系数。

1.3　小波动过渡过程计算理论与计算方法

通常计算方法是在大波动过渡过程计算理论和计算方法的基础上,加入调速器方程,直接求解负荷阶跃条件下,各种变量随时间的变化过程。增加的调速器方程如下：

$$\left(T_n'\frac{\mathrm{d}y}{\mathrm{d}t} + 1\right)\left[T_y T_d\frac{\mathrm{d}^2 y}{\mathrm{d}t^2} + (T_y + b_t T_d + b_p T_d)\frac{\mathrm{d}y}{\mathrm{d}t} + b_p y\right] = -\left(T_n\frac{\mathrm{d}\beta}{\mathrm{d}t} + 1\right)\left(T_d\frac{\mathrm{d}\beta}{\mathrm{d}t} + 1\right) \tag{1-40}$$

式中　y——接力器相对行程；

β——机组相对转速；

b_t、b_p——暂态转差系数和永态转差系数；

T'_n、T_n、T_y、T_d——微分回路时间常数、测频微分时间常数、接力器反应时间常数和缓冲时间常数。

水轮发电机组的运动方程改写为：

$$n=(n_0+0.1875(M_t+M_{t0}-M_g-M_{g0}+2e_bM_r)\Delta t/GD^2)/(1+e_b\Delta t/T_a) \quad (1\text{-}41)$$

式中　T_a——机组加速时间常数；

e_b——电网负荷自调节系数。

下标 t、g 分别表示水轮机和发电机，下标 0 仍表示上一计算时段的已知值，下标 r 表示额定值。M_g 随时间的变化需给定。

1.4　水力干扰过渡过程计算方法

只有分组供水布置下，即多台机组共岔管或调压室，才存在水力干扰的问题。对于甩负荷机组可按大波动过渡过程计算，对于正常运行机组可按小波动过渡过程计算，因此无需增加新的计算理论和计算方法。

2　典型工程设计条件

2.1　科哈拉水电站

科哈拉(KOHALA)水电站位于巴基斯坦巴控克什米尔地区吉拉姆(JHELUM)河上。电站由吉拉姆河引水,通过引水隧洞、调压室、压力钢管等水工建筑物引水至厂房水轮发电机组。电站设计引用流量为425 m^3/s。在电力系统中的运行方式为调峰运行,总装机容量为1 100 MW。

电站采用2条压力引水隧洞,隧洞接调压室及压力钢管,每根压力钢管连接2台机组的引水方式(每根压力钢管上设置1个上游调压室,2台机组共用),发电流量过机后,4台机组的尾水汇集到1条尾水隧洞排至下游(尾水调压室4台机组共用)。

2.1.1　引水系统特征水位

水库为日调节水库,电站特征水位如下。

2.1.1.1　上游水位

正常蓄水位	907.00 m
设计洪水位	907.00 m
校核洪水位	909.41 m
死水位	898.00 m

2.1.1.2　下游水位

根据工程需要,电站尾水隧洞出口处设置挡坎,坎顶高程582.00 m,则有:

(1)尾水洞出口水位

设计洪水尾水位	600.28 m(200年一遇,对应流量14 720 m^3/s)
校核洪水尾水位	603.33 m(500年一遇,对应流量17 820 m^3/s)
坝顶高程	582.00 m
1台机发电流量尾水位	582.4 m(对应流量106.25 m^3/s)
2台机发电流量尾水位	582.8 m(对应流量212.50 m^3/s)
3台机发电流量尾水位	583.2 m(对应流量318.75 m^3/s)
4台机发电流量尾水位	583.5 m(对应流量425.00 m^3/s)

(2)电站厂址处河道断面水位—流量关系,如图2-1所示。

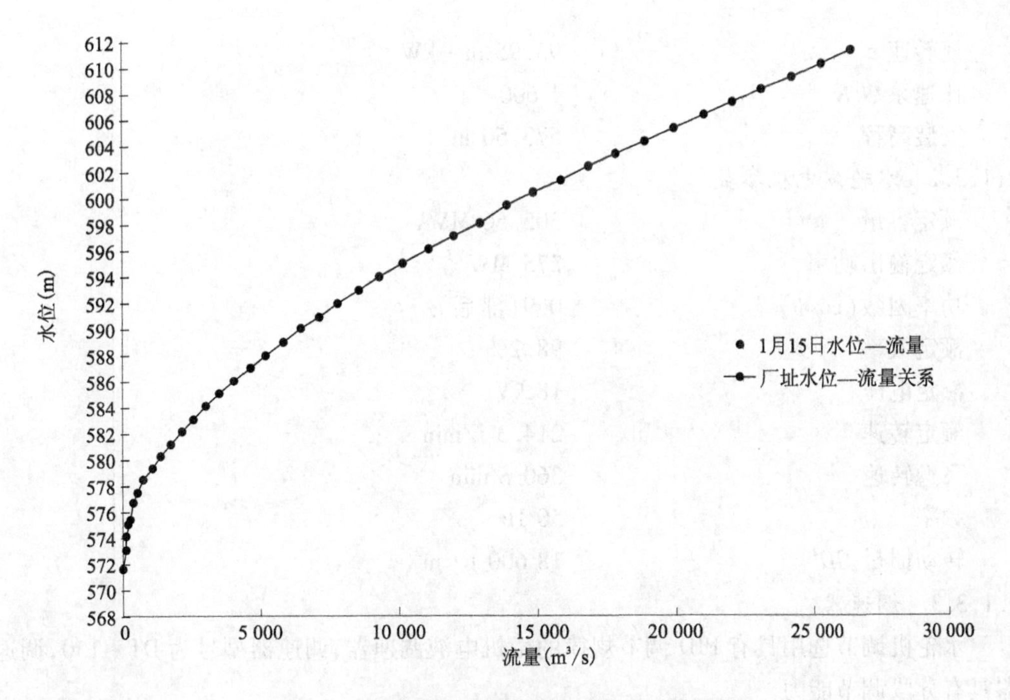

图 2-1 电站厂址处河道断面水位—流量关系

2.1.2 水头损失

引水系统水头损失中,局部水头损失系数按《水电站调压室设计规范》(NB/T 35021—2014)规定取用,沿程损失的谢才系数按曼宁公式进行计算。仿真计算中流道壁面糙率取值见表 2-1。

表 2-1 隧洞和压力钢管糙率

计算采用的糙率 n 值	平均	最大	最小
混凝土衬砌	0.014	0.016	0.012
钢板衬砌	0.012	0.013	0.011

2.1.3 主要机电设备参数

2.1.3.1 水轮机参数

水轮机型号 A351

最大水头 H_{max} 323.57 m

最小水头 H_{min} 279.20 m

额定水头 H_r 292.00 m

转轮直径 D_1 5.0 m

水轮机额定出力 280.041 MW

额定流量 Q_r 106.25 m^3/s

额定转速 n_r 214.3 r/min

额定点效率 92.8%

比转速 n_s　　93.95 m · kW

比速系数 K　　1 600

安装高程　　573.50 m

2.1.3.2　水轮发电机参数

额定容量　　305.56 MVA

额定输出功率　　275 MW

功率因数($\cos\phi$)　　0.9(滞后)

额定效率　　98.2%

额定电压　　18 kV

额定转速　　214.3 r/min

飞逸转速　　360 r/min

频率　　50 Hz

转动惯量 GD^2　　18 600 t · m^2

2.1.3.3　调速器

水轮机调节选用具有 PID 调节规律的微机电液调速器,调速器型号为 DT－150,调速器具有分段调节能力。

2.1.4　机组特性曲线

A351 转轮的模型特性曲线、流量关系曲线和力矩关系曲线分别如图 2-2 ~ 图 2-4 所示。

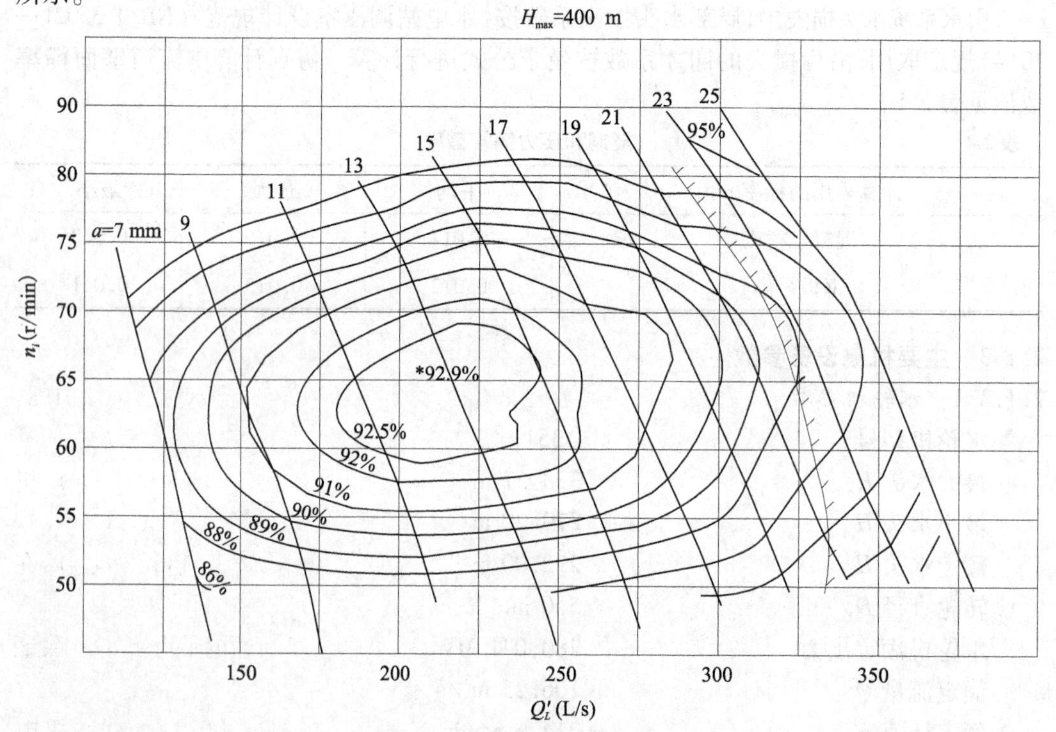

图 2-2　A351 模型综合特性曲线

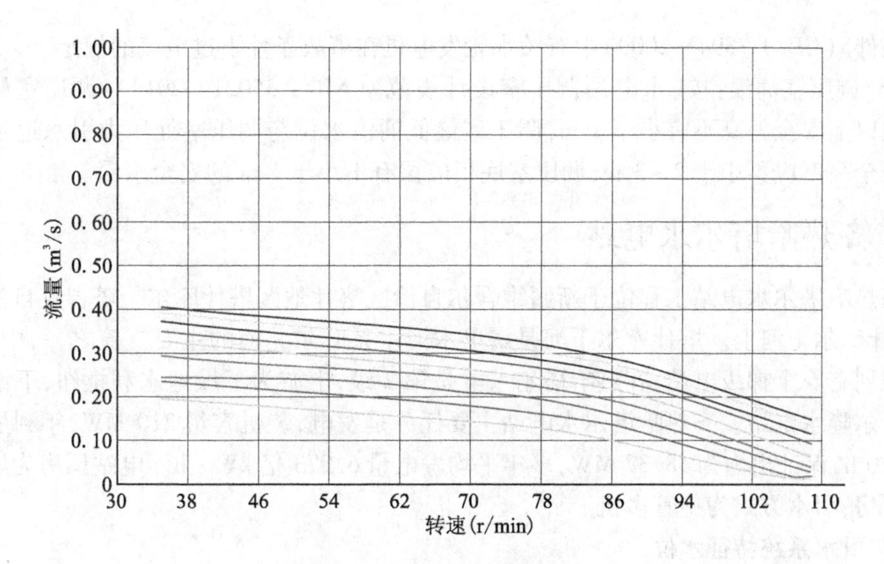

图 2-3　A351 模型流量关系曲线

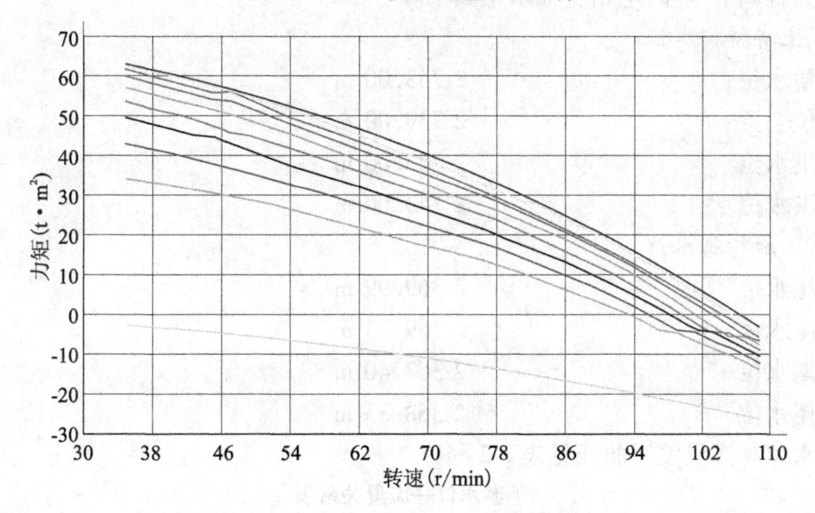

图 2-4　A351 模型力矩关系曲线

2.1.5　水力过渡过程计算控制值

（1）所有工况下，压力输水系统全线各断面最高点处的最小压力不应低于 0.02 MPa，且不应出现负压脱流现象。

（2）蜗壳最大压力上升率：按照《水力发电厂机电设计规范》（DL/T 5186—2004），机组事故甩负荷时，蜗壳最大压力上升率不超过 25%。

（3）机组最大转速上升率：按照《水力发电厂机电设计规范》（DL/T 5186—2004），在所有工况下最大转速上升率不大于 50%。

（4）尾水管进口真空度的控制标准：所有工况下，尾水管进口断面的最大真空度保证值不应大于 0.072 MPa。

（5）小波动应满足《水轮机控制系统技术条件》（GB/T 9652.1—2007）及《水轮机电液调节系统及装置技术规程》（DL/T 563—2004）要求；水力干扰应满足《水轮发电机基本

技术条件》(GB/T 7894—2009)中有关水轮发电机在事故条件下过电流的规定。

(6)调压室涌浪：按《水电站调压室设计规范》(NB/T 35021—2014)，调压室最高涌浪水位以上安全超高不宜小于 1 m，调压室最低涌浪水位与调压室处压力引水道顶部之间的安全高度应不小于 2～3 m，调压室底板应留有不小于 1 m 的安全水深。

2.2 齐热哈塔尔水电站

齐热哈塔尔水电站工程位于新疆维吾尔自治区喀什地区塔什库尔干塔吉克自治县境内，塔什库尔干河上。塔什库尔干河是塔里木河水系叶尔羌河的主要支流之一，中、下游河段规划有 6 个梯级电站，齐热哈塔尔水电是第 2 级，上游为下坂地水利枢纽，下游为规划的恰尔隆水电站。齐热哈塔尔水电站主要任务是发电，装机容量 210 MW，年利用小时数 3 320 h，保证出力为 48.37 MW，多年平均发电量 6.973 亿 kW·h。电站厂房为岸边式地面厂房，引水方式为一管多机。

2.2.1 引水系统特征水位

水库为日调节水库，电站特征水位如下。

2.2.1.1 上游特征水位

正常蓄水位　　2 743.00 m

死水位　　2 739.00 m

设计洪水位　　2 743.00 m

校核洪水位　　2 743.00 m

2.2.1.2 下游特征水位

校核尾水位　　2 369.99 m

设计尾水位　　2 369.73 m

最低尾水位　　2 367.40 m

正常尾水位　　2 368.33 m

下游水位与流量关系曲线见表 2-2。

表 2-2　　下游水位—流量关系表

序号	水位(m)	流量(m^3/s)	序号	水位(m)	流量(m^3/s)
1	2 367.00	1	9	2 369.00	193
2	2 367.25	4	10	2 369.25	280
3	2 367.50	14	11	2 369.50	380
4	2 367.75	27	12	2 369.75	500
5	2 368.00	45	13	2 370.00	640
6	2 368.25	70	14	2 370.25	775
7	2 368.50	97	15	2 370.50	950
8	2 368.75	142	16	2 370.75	1 145

2.2.1.3 电站特征水头

最大水头 372.60 m

最小水头 310.70 m

额定水头 311.49 m

机组空载水头 376.00 m

2.2.2 水头损失

电站引水系统水头损失见表2-3。

表2-3 电站引水系统水头损失表

$Q(m^3/s)$	10	20	40	52.4	60	69	75	78.6	80	85
水头损失(m)	0.99	3.94	15.74	27.01	35.42	46.84	55.34	60.78	62.96	71.08

2.2.3 主要机电设备参数

2.2.3.1 水轮机参数

水轮机型号 HLN87 - LJ - 266

水轮机直径 D_1 2.66 m

额定转速 n_r 428.6 r/min

额定水头 H_r 311.49 m

额定流量 Q_r 25.74 m^3/s

额定出力 N_r 71.80 MW

额定工况点效率 η ≥91.5%

额定点比转速 n_s 87.7 m · kW

机组安装高程 2 357.50 m

2.2.3.2 水轮发电机参数

发电机型号 SF70 - 14/4880

额定转速 428.6 r/min

额定出力 70 MW

功率因数 $\cos\phi$ 0.85(滞后)

机组转动惯量 GD^2 950 t · m^2

2.2.3.3 调速器

水轮机调节选用具有PID调节规律的微机电液调速器,调速器型号为DT - 80,调速器具有分段调节能力。

2.2.4 机组特性曲线

选用的特性曲线为JF 0904 - 53模型转轮的特性曲线,其原始曲线如图2-5、图2-6所示。

由于模型综合特性曲线仅仅包括正常运行范围内的试验结果,在数值计算时需要根据综合特性曲线,并结合飞逸特性曲线,通过插值和延拓,转换为数值计算需要的流量特性曲线和力矩特性曲线。具体内容包括:

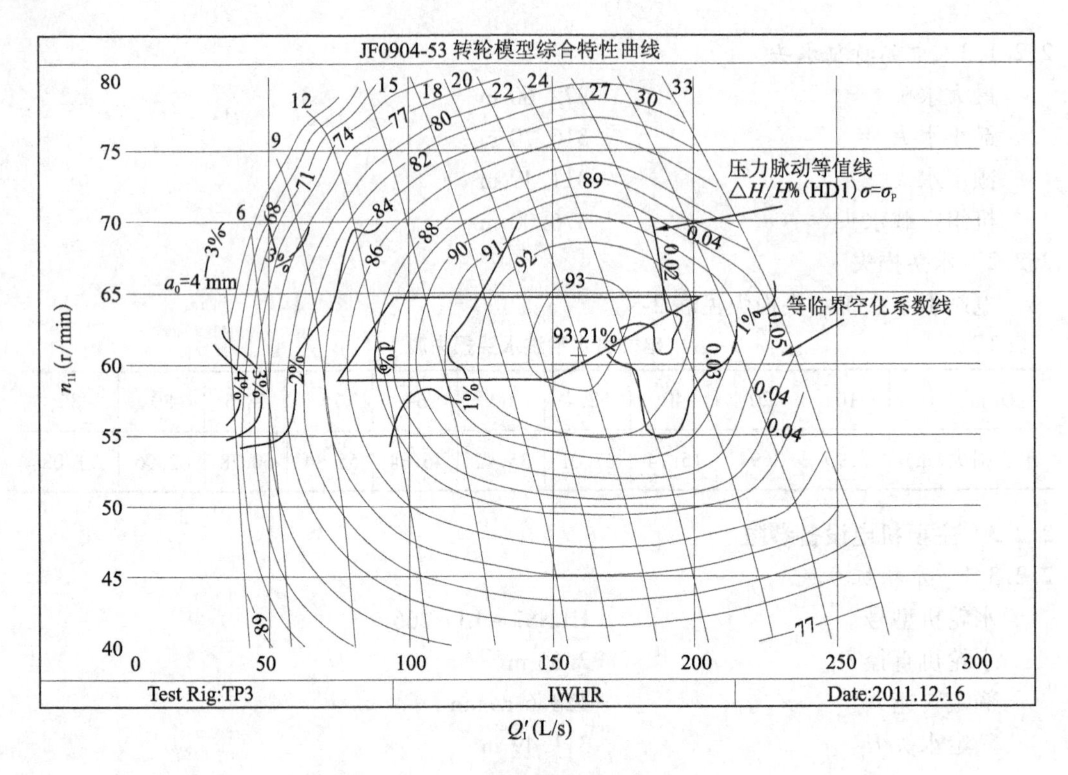

图 2-5　机组模型特性曲线

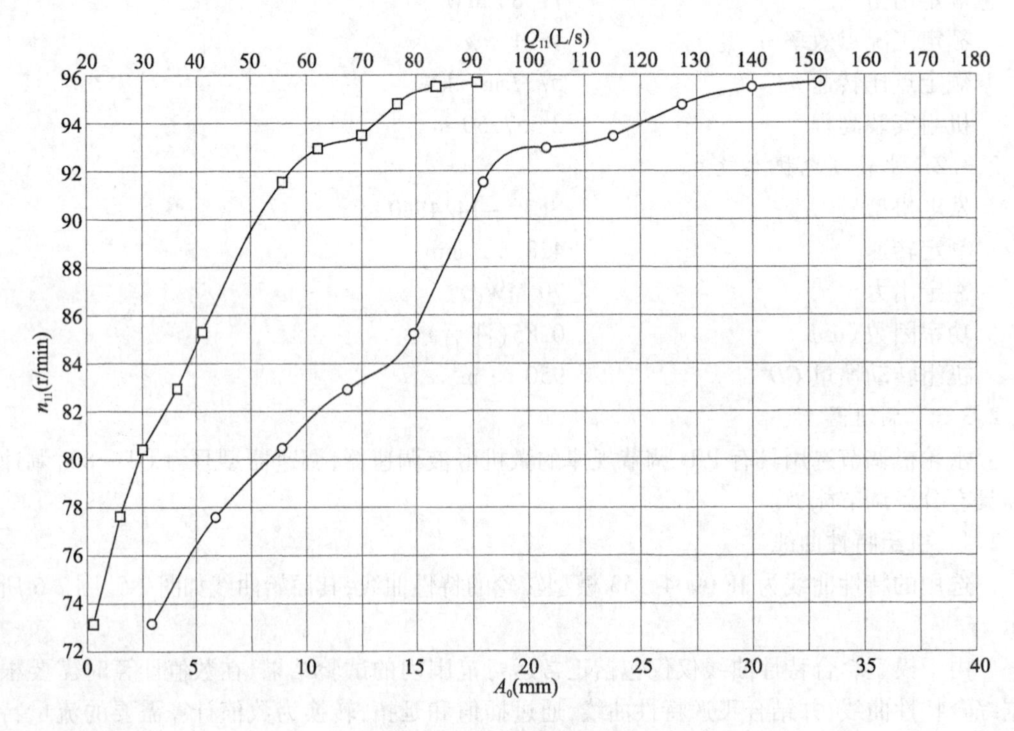

图 2-6　机组飞逸特性曲线

2.2.4.1 小开度流量特性曲线的补充

在模型特性曲线上，作等 n_1' 线，分别与各开度线以及飞逸工况线相交；过原点和各交点作 $\alpha \sim Q_1'$ 曲线，其中飞逸工况点与原点之间的部分线段即为要补充的小开度流量特性曲线，可得出在该 n_1' 下任意小开度工况对应的单位流量及其在模型综合特性曲线上的位置；依据需要选若干 n_1'，重复上面过程，即可得全面的流量特性曲线；选择任意小开度值，在选定的等 n_1' 线对应的 $\alpha \sim Q_1'$ 曲线上查得对应某一 n_1' 和 α 的 Q_1'，在模型特性曲线上的小开度区绘出对应的位置，各点光滑连接即为需补充的小开度的等开度线。

2.2.4.2 小开度效率特性曲线的补充

在模型特性曲线上，作等 n_1' 线，分别与各条等效率线相交；将各点光滑连接，得大开度区效率特性曲线 $\eta \sim Q_1'$；该等 n_1' 线与飞逸工况线（$\eta = 0$）相交，有一交点，将该交点与大开度区效率特性曲线光滑连接，并且向小流量区作光滑延伸，即得完整的效率特性曲线；结合该等 n_1' 线对应的 $\alpha \sim Q_1'$ 曲线，可得任一 n_1' 和小开度 α 下的效率 η。

2.2.4.3 飞逸工况特性曲线的补充

已知介于最大和最小水头对应的单位转速之间的飞逸特性，向高 n_1' 工况区以最大飞逸单位转速为控制点作适当延伸，向低 n_1' 工况区以原点（$Q_1' = 0, n_1' = 0$）为目标作光滑延伸，即得完整的飞逸工况特性曲线。

2.2.4.4 高 n_1' 与低 n_1' 工况区特性曲线的扩展

（1）等开度线的扩展。选择任意开度 α，作等 α 线，与飞逸工况线相交，并向高 n_1' 特性区作光滑延伸，向低 n_1' 工况区可依据经验作光滑延伸，或依据经验公式确定零转速工况点对应的单位流量 Q_1'，并与已知的等开度线光滑连接。

（2）等效率曲线的扩展。选择任意开度 α，作等 α 线，选择特定的 n_1'，得到对应的效率 η，作 $\eta \sim n_1'$ 曲线，其中该等线与飞逸工况线相交，已知交点的 n_1' 和 $\eta = 0$，作为 $\eta \sim n_1'$ 曲线向高 n_1' 工况区光滑延伸的控制点，在低 n_1' 工况区可以原点（$n_1' = 0, \eta = 0$）为扩展目标，作光滑延伸。

经过上述数值转换后，得到流量特性曲线如图 2-7 所示，力矩特性曲线如图 2-8 所示。

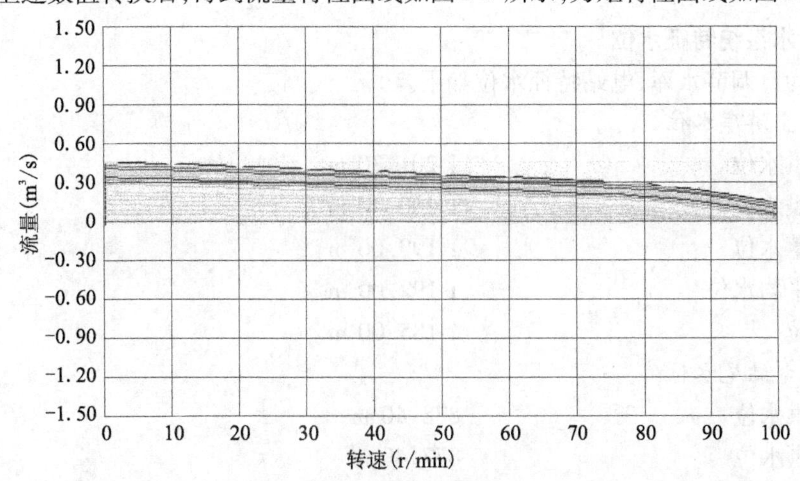

图 2-7 模型机组流量特性曲线

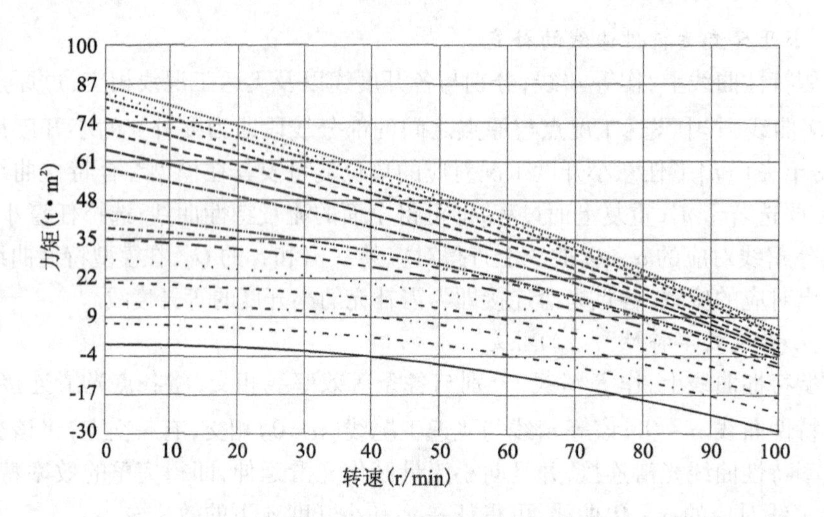

图 2-8 模型机组力矩特性曲线

2.2.5 水力过渡过程计算控制值

蜗壳最大承压值	460.0 m 水柱
蜗壳进口压力最大上升率	25%
机组转速最大上升率	50%
尾水管真空度	6.0 m 水柱
调压室最高涌浪水位	不高于 2 755.50 m
调压室最低涌浪水位	不低于 2 664.27 m

2.3 JH 水电站

JH 一级电站主要由拦河坝、泄洪洞、排沙洞、发电引水系统和电站等组成。水库为日调节水库，总库容 0.07 亿 m^3，调节库容 280 万 m^3。电站设计引用流量 123 m^3/s，总装机容量 320 MW，装设 4 台单机容量 80 MW 立轴混流式水轮发电机组，电站建成后调峰运行。

2.3.1 引水系统特征水位

水库为日调节水库，电站特征水位如下。

2.3.1.1 上游库水位

校核洪水位	1 201.30 m
设计洪水位	1 200.40 m
正常蓄水位	1 199.00 m
水库平均水位	1 192.00 m
死水位	1 185.00 m

2.3.1.2 电站尾水位

校核洪水位	878.40 m
设计洪水位	877.40 m
最低尾水位	875.30 m

电站尾水位与流量关系见表2-4。

表2-4　　电站尾水位与流量关系表

高程(m)	875.00	875.13	875.36	875.51	875.6	875.74	875.99	876.28
流量(m^3/s)	0.0	4.0	18.0	30.7	39.0	54.0	83.0	122.8

2.3.1.3　电站净水头

最大水头　323.7 m

最小水头　289.6 m

加权平均水头　297.8 m

额定水头　296.0 m

2.3.2　发电引水系统糙率

引水隧洞(进水口—调压室洞段)全线采用钢筋混凝土衬砌,其最大糙率参考值为0.016,平均糙率参考值为0.014,最小糙率参考值为0.012;压力管道(调压室—厂房段)采用钢衬,其最大糙率参考值为0.013,平均糙率参考值为0.012,最小糙率参考值为0.011。

2.3.3　主要机电设备参数

2.3.3.1　水轮机参数

转轮直径 D_1　2.75 m

额定转速 n_r　375 r/min

额定流量 Q_r　30.75 m^3/s

额定出力 N_r　82.1 MW

额定工况点效率 η_{tr}　92.0%

额定点比转速 n_s　87.49 m · kW

额定点比速系数 K　1505

安装高程　865.70 m

2.3.3.2　水轮发电机参数

额定容量　94.12 MVA

额定输出功率　80 MW

功率因数($\cos\phi$)　0.85(滞后)

额定效率　98%

额定转速　375 r/min

飞逸转速　620 r/min

频率　50 Hz

转动惯量 GD^2　1 500 t · m^2

2.3.3.3　调速器

水轮机调节选用具有PID调节规律的微机电液调速器,调速器型号为WT-100,额定工作压力6.3 MPa,调速器具有分段调节能力。

2.3.4 机组特性曲线

根据电站水头特性,本阶段选用的模型转轮为 HLD54 – 40。

D54 – 40 转轮的模型特性曲线,流量关系曲线和力矩关系曲线分别如图 2-9~ 图 2-11 所示。

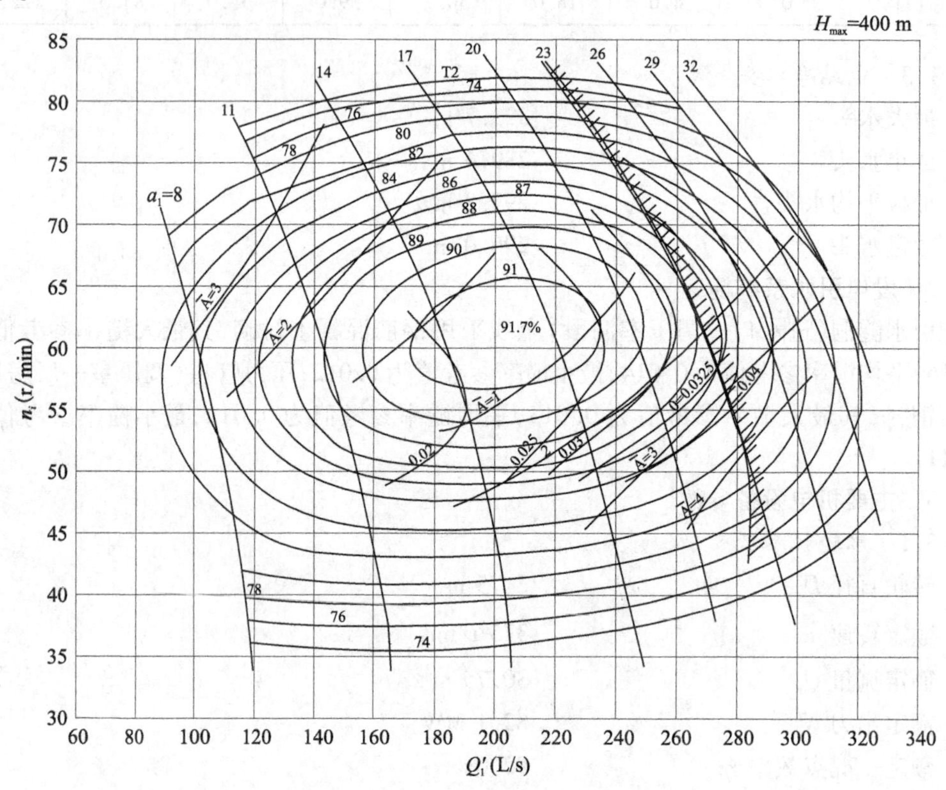

图 2-9　D54 – 40 模型综合特性曲线

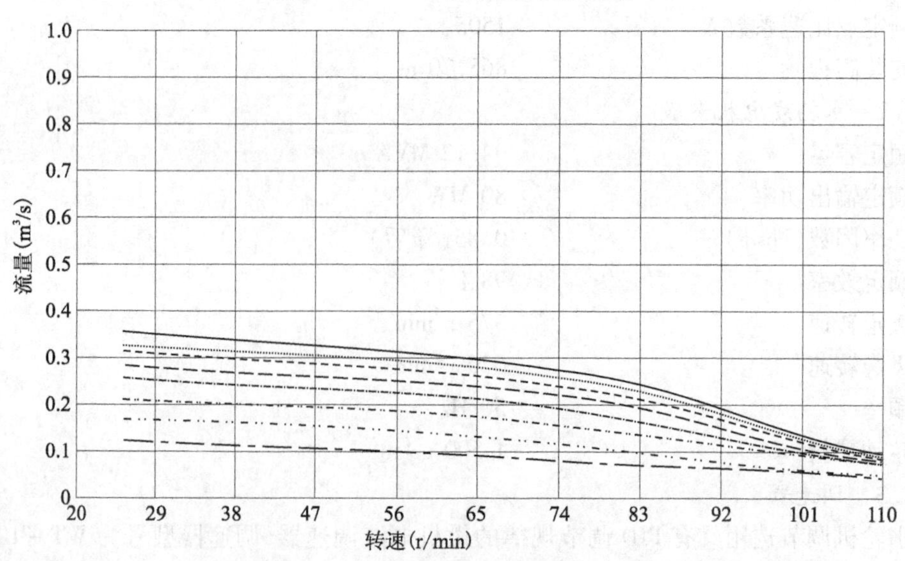

图 2-10　D54 – 40 模型流量关系曲线

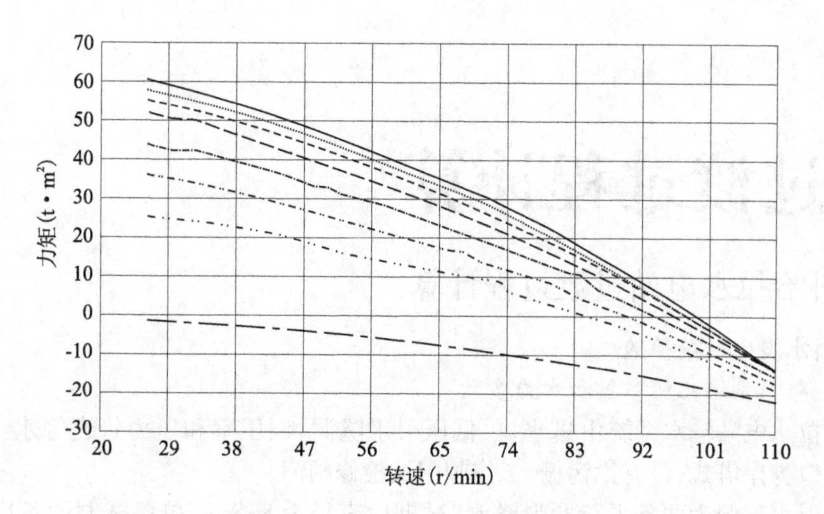

图 2-11 D54－40 模型力矩关系曲线

2.3.5 水力过渡过程计算控制值

(1)在各工况下,有压发电引水系统全线各断面最高点处的最小压力不应低于 0.02 MPa,且不应出现负压脱流现象。

(2)按照《水力发电厂机电设计规范》(DL/T 5186—2004),机组事故甩负荷时,蜗壳最大压力上升率不超过 25%。

(3)机组事故甩负荷时,转速上升率不超过 50%。

(4)提出小波动状态下对水轮机调速系统调节参数的设置要求。根据计算结果确定机组小波动暂态过程中机组可带负荷稳定运行的区域。小波动应满足《水轮机控制系统技术条件》(GB/T 9652.1—2007)规范要求。

(5)事故甩负荷时,尾水管进口断面处的最大真空度不大于 0.07 MPa。

3 过渡过程计算

3.1 科哈拉水电站过渡过程计算

3.1.1 引水发电系统参数

3.1.1.1 引水系统几何参数和水力参数

科哈拉水电站输水系统由进水口、低压引水隧洞、调压室和压力管道等水工建筑组成。进水口为岸塔式，设有拦污栅、工作闸门及检修闸门。

低压引水隧洞为两条平行圆形隧洞，衬砌后直径为 8.5 m，单条隧洞的长度约 17.4 km。每条低压引水隧洞末端均设有独立的带阻抗孔的上游调压室，阻抗孔内径为 5 m，上游调压室内径为 14 m，设置上室和下室。上室内径 36.5 m，底部高程 920.00 m；下室断面为 7.5 m × 7.5 m 城门洞型（经初步计算，下室长度初选为 145 m，底部高程初选为 842.00 m）。

压力管道包括压力竖井、下平段、岔管及支管。每条低压引水隧洞与一个压力竖井连接，其直径为 6.8 m，高度约 260 m。压力管道下平段直径与压力竖井相同，直径为 6.8 m，后经岔管各分为 2 条支管，支管直径为 4.0 m，在支管末端直径渐变到 3.6 m。

尾水调压洞由尾水施工隧洞改造而成，尾水调压隧洞出口高程 610.0 m，隧洞长 573 m，断面为 7.5 m×7.5 m 城门洞型，顶拱和侧壁采用喷射混凝土支护，底板铺设素混凝土路面。

3.1.1.2 计算简图和管道参数

哈拉水电站引水发电系统的水力过渡过程计算所需的计算简图、管道参数如图 3-1 和表 3-1 所示。

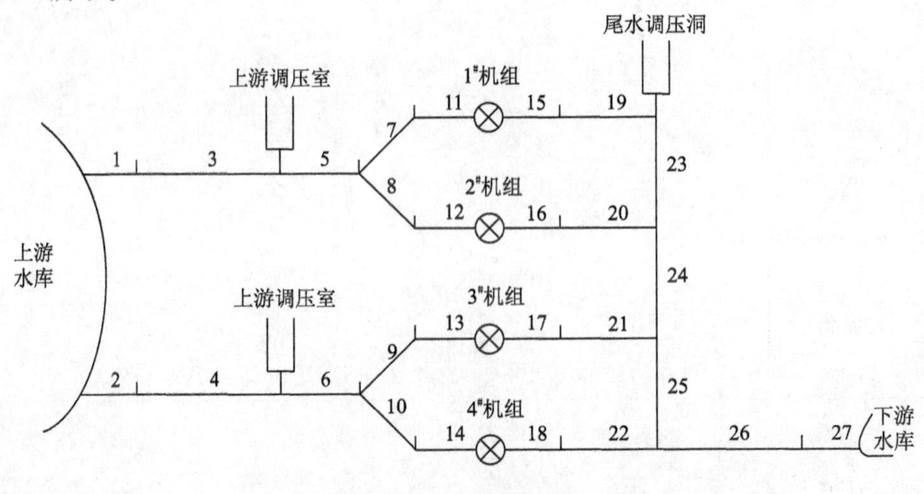

图 3-1 计算简图

表 3-1 管道参数表

管道	长度(m)	当量管径(m)	面积(m^2)	波速(m/s)	局部水头损失系数	糙率	备注
1	38.35	8.50	56.75	1 000	0.205 94	0.012 ~0.016	进水口
2	38.35	8.50	56.75	1 000	0.205 94	0.012 ~0.016	
3	17 316.586	8.50	56.75	1 000	0.098 22	0.012 ~0.016	压力引水道
4	17 375.733	8.50	56.75	1 000	0.098 19	0.012 ~0.016	
5	453.857	6.80	36.32	1 200	1.248 02	0.011 ~0.013	压力管道
6	487.747	6.80	36.32	1 200	1.248 02	0.011 ~0.013	
7	129.203	4.00	12.57	1 200	0.086 56	0.011 ~0.013	
8	129.203	4.00	12.57	1 200	0.086 56	0.011 ~0.013	
9	114.693	4.00	12.57	1 200	0.086 56	0.011 ~0.013	
10	114.693	4.00	12.57	1 200	0.086 56	0.011 ~0.013	
11	10	3.60	10.17	1 200	0	0	蜗壳
12	10	3.60	10.17	1 200	0	0	
13	10	3.60	10.17	1 200	0	0	
14	10	3.60	10.17	1 200	0	0	
15	29.758	5.36	22.56	1 200	0	0	尾水管
16	29.758	5.36	22.56	1 200	0	0	
17	29.758	5.36	22.56	1 200	0	0	
18	29.758	5.36	22.56	1 200	0	0	
19	76.1	7.67	46.15	1 000	0.01	0.012 ~0.016	尾水管出口至四管汇流
20	76.1	7.67	46.15	1 000	0.01	0.012 ~0.016	
21	76.1	7.67	46.15	1 000	0.01	0.012 ~0.016	
22	76.1	7.67	46.15	1 000	0.01	0.012 ~0.016	
23	30	11.6	105.68	1 000	0	0.012 ~0.016	汇流管道
24	30	11.6	105.68	1 000	0	0.012 ~0.016	
25	30	11.6	105.68	1 000	0	0.012 ~0.016	
26	429.43	11.6	105.68	1 000	0.246 32	0.012 ~0.016	压力尾水道
27	60	11.78	109.00	1 000	1.716 71	0.012 ~0.016	

3.1.1.3 恒定流水头损失计算

额定流量下,2 台机组正常运行时,整个引水发电系统局部水头损失计算见 3-2。

表 3-2 局部水头损失计算表

分段	部位	ζ	Q (m^3/s)	D (m)	A (m^2)	V (m/s)	h_m (m)
进口段	拦污栅	0.381 0	212.50	–	539.00	0.394	0.003
	进水口	0.100 0	212.50	8×8	64.00	3.320	0.056
	平板门槽	0.100 0	212.50	8×8	64.00	3.320	0.056
	方变圆渐缩段	0.050 0	212.50	8.50	56.75	3.533	0.032
至上游调压室	50.56°圆弧弯道(第1单元)	0.098 2	212.50	8.50	56.75	3.745	0.070
	50.56°圆弧弯道(第2单元)	0.098 2	212.50	8.50	56.75	3.745	0.070
调压室至岔管	圆断面渐缩小	0.035 0	212.50	8.50	56.75	3.745	0.025
	90°圆弧上弯道	0.134 5	212.50	6.80	36.32	5.851	0.235
	90°圆弧下弯道	0.134 5	212.50	6.80	36.32	5.851	0.235
	圆断面渐缩小	0.020 0	212.50	6.80	36.32	5.851	0.035
	对称Y形分岔	0.500 0	212.50	5.80	26.42	8.043	1.649
岔管至球阀前	30°圆弧弯道	0.076 6	106.25	4.00	12.57	8.455	0.279
	圆断面渐缩小	0.010 0	106.25	4.00	12.57	8.455	0.036
尾水管至四管汇流处	尾水管延伸段闸门槽	0.100 0	106.25	7.1×6.5	46.15	2.302	0.027
尾水主洞	45°圆弧水平弯道	0.109 8	425.00	11.60	105.68	4.021	0.090
	上斜段	0.040 0	425.00	11.60	105.68	4.021	0.033
	圆变方渐缩段	0.100 0	425.00	11.60	105.68	3.951	0.080
	叠梁门槽	0.100 0	212.50	7.5×7.3	54.75	3.881	0.077
	尾水洞末端收缩	0.070 0	425.00	7.5×7.3×2	109.50	3.881	0.054
	尾水洞出口	1.000 0	425.00	7.3×6×2	87.60	4.852	1.200

根据《水电站调压室设计规范》(NB/T 35021—2014)上游水库至下游水库在不同糙率情况下总水头损失见表3-3。

表 3-3 恒定流水头损失 (单位:m)

糙率	最小糙率	平均糙率	最大糙率
1#机水头损失	19.68	24.82	30.76
2#机水头损失	19.89	25.02	30.95
3#机水头损失	19.78	24.93	30.87
4#机水头损失	19.50	24.65	30.59

3.1.1.4 调压室稳定断面计算

(1)上游调压室稳定断面计算

不考虑调速器的作用,假定机组出力为常数时得到的上游调压室的托马稳定断面面积的理论计算公式如下:

$$F_{th}=\frac{Lf}{2g\left(\alpha+\frac{1}{2g}\right)(H_0-h_{w0}-3h_{wm})} \tag{3-1}$$

式中,压力引水道等效长度和等效断面面积的乘积 $Lf=492\ 403.07\ m^3$,上游水库至上游调压室水头损失系数为 $\alpha=0.930\ s^2/m$,发电最小净水头 $H_0=279.2\ m$,压力引水道水头损失 $h_{w0}=12.21\ m$,压力管道水头损失 $h_{wm}=4.61\ m$,计算得托马稳定断面面积 $F_{th}=101.03\ m^2$,而上游调压室最小面积为 153.94 m^2,大于计算所得上游调压室的托马稳定断面,满足稳定要求。

(2)尾水调压洞稳定断面计算

不考虑调速器的作用,假定机组出力为常数时得到的尾水调压洞的托马稳定断面面积的理论计算公式如下:

$$F_{th}=\frac{Lf}{2g\alpha(H_0-h_{w0}-3h_{wm})} \tag{3-2}$$

式中,压力尾水道等效长度和等效断面面积的乘积 $Lf=18\ 793.46\ m^3$,下游水库至尾水调压洞水头损失系数为 $\alpha=0.154\ s^2/m$,发电最小净水头 $H_0=279.2\ m$,压力尾水道水头损失 $h_{w0}=2.05\ m$,尾水管后的延伸段水头损失 $h_{wm}=0.04\ m$,计算得托马稳定断面面积 $F_{th}=22.39\ m^2$,而尾水调压洞水平断面平均面积为 502 m^2,大于计算所得的托马稳定断面面积,满足稳定要求。

3.1.2 大波动过渡过程

3.1.2.1 计算工况

为了确定机组的调保参数和上游调压室和尾水调压洞的最高、最低涌浪水位及沿管线的最大、最小压力分布,需要选择大波动过渡过程的控制工况,并在优化导叶关闭规律的前提下,对设计方案进行详细的计算和分析,得出相应结论和建议。

(1)机组最大转速升高的计算工况包括:

D1:上游正常蓄水位,额定水头,额定功率,同一压力主管上 2 台机组同时甩全负荷,导叶能正常关闭。

D2:上游正常蓄水位,额定水头,额定功率,同一压力主管上 2 台机组同时甩全负荷,其中 1 台机组导叶拒动。

D4:上游正常蓄水位时,共用上游调压室的全部 2 台机组由 1 台增加至 2 台,上游调压室水位最高时,全部机组同时丢弃全部负荷。

D6-1:上游正常蓄水位,同一压力主管上的 2 台机组中 1 台甩负荷,在上游调压室水位最高时刻,另 1 台机组相继甩负荷。

D6-2:上游正常蓄水位,同一压力主管上的 2 台机组中 1 台甩负荷,在流进上游调压室流量最大时刻,另 1 台机组相继甩负荷。

D8:上游正常蓄水位,共用上游调压室的全部2台机组由1台增至2台,在流入调压室流量最大时刻,全部机组同时丢弃全部负荷。

(2)蜗壳最大动水压力、机组上游侧沿管轴线最大压力、上游调压室最高涌浪的计算工况包括:

D1:上游正常蓄水位,额定水头,额定功率,同一压力主管上的2台机组同时甩全负荷。

D3:上、下游为校核洪水位,同一压力主管上的2台机组发额定负荷,同时甩全负荷。

D4:上游正常蓄水位时,共用上游调压室的全部2台机组由1台增加至2台,上游调压室水位最高时,全部机组同时丢弃全部负荷。

D5:上、下游为校核洪水位,共用上游调压室的全部2台机组由1台增加至2台,上游调压室水位最高时,全部机组同时丢弃全部负荷。

D6-1:上游正常蓄水位,同一压力主管上的2台机组中1台甩负荷,在上游调压室水位最高时刻,另1台机组相继甩负荷。

D6-2:上游正常蓄水位,同一压力主管上的2台机组中1台甩负荷,在流进上游调压室流量最大时刻,另1台机组相继甩负荷。

D7:上游正常蓄水位,同一压力主管上1台机组停机,另1台水轮机在最大测压管水头下突甩50%负荷。

D8:上游正常蓄水位,共用上游调压室的全部2台机组由1台增至2台,在流入调压室流量最大时刻,全部机组同时丢弃全部负荷。

D9:上游校核洪水位,共用上游调压室的全部2台机组由1台增至2台,在流入调压室流量最大时刻,全部机组同时丢弃全部负荷。

(3)机组上游侧沿管轴线最小压力和上游调压室最低涌浪的计算工况包括:

D10:上游死水位,共用上游调压室的2台机组由1台增加至2台。

D11:上游死水位,共用上游调压室的2台机组由1台增加至2台,在流入上游调压室流量最大时刻,全部机组同时丢弃全部负荷。

D12:上游死水位,共用上游调压室的2台机组中1台增负荷,在流出上游调压室流量最大时刻,另1台机组增负荷。

D13:上游死水位,共用上游调压室的2台机组同时丢弃全部负荷。

D14:上游死水位,共用上游调压室的2台机组同时丢弃全部负荷,在流出调压室流量最大时,1台机组启动,从空载增至满负荷。

D15:上游死水位,共用上游调压室的2台机组同时增负荷。

(4)机组下游侧沿管轴线最大压力和尾水调压洞最高涌浪的计算工况包括:

D16-1:下游设计洪水位,共用尾水调压洞的全部4台机组由3台增至4台。

D16-2:下游设计洪水位,共用尾水调压洞的全部机组由2/3负荷突增至满负荷。

D17-1:下游为校核洪水位,共用尾水调压洞的全部4台机组由3台增至4台。

D17-2:下游为校核洪水位,共用尾水调压洞的全部机组由2/3负荷突增至满负荷。

D18-1:下游设计洪水位,共用尾水调压洞的全部4台机组由3台增至4台,流出尾水调压洞流量最大时刻,全部机组瞬间丢弃全部负荷。

D18－2:下游设计洪水位,共用尾水调压洞的全部机组由2/3负荷突增至满负荷,流出尾水调压洞流量最大时刻,全部机组瞬间丢弃全部负荷。

D19－1:下游校核洪水位,共用尾水调压洞的全部4台机组由3台增至4台,流出尾水调压洞流量最大时刻,全部机组瞬间丢弃全部负荷。

D19－2:下游校核洪水位,共用尾水调压洞的全部机组由2/3负荷突增至满负荷,流出尾水调压洞流量最大时刻,全部机组瞬间丢弃全部负荷。

D20:下游设计洪水位,共用调压室全部机组全部同时甩负荷,在流进尾水调压洞流量最大时刻,一台机组启动,从空载增至满负荷。

(5)尾水管最大真空度、机组下游侧沿管轴线最小压力、尾水调压洞最低涌浪的计算工况包括:

D21:下游4台机发电流量尾水位,共尾水隧洞的4台机组同时甩全负荷。

D22:最低尾水位(4台机满发水位),共尾水隧洞的4台机组相继甩负荷(在流出尾水调压洞流量最大时刻下1台机组甩负荷,相继甩时刻依次为10.11、19.87、25.49 s)。

D23－1:相应下游低水位时(3台机满发水位),共用尾水调压洞的全部4台机组由3台增至4台,在尾水调压洞涌浪最低时,全部机组瞬间丢弃全部负荷。

D23－2:相应下游低水位时,共用尾水调压洞的全部机组由2/3负荷突增至满载,在尾水调压洞涌浪最低时,全部机组瞬间丢弃全部负荷。

D24－1:发电相应下游水位时(3台机满发水位),共用尾水调压洞的全部4台机组由3台增至4台,流出尾水调压洞的流量最大时,全部机组瞬间丢弃全部负荷。

D24－2:发电相应下游水位时,共用尾水调压洞的全部机组由2/3负荷突增至满负荷,流出尾水调压洞的流量最大时,全部机组瞬间丢弃全部负荷。

D25－1:下游1台机发电相应最低尾水位,共尾水调压洞的1台机组满负荷发电,丢弃全部负荷。

D25－2:下游2台机发电相应最低尾水位,共尾水调压洞的2台机组满负荷发电,同时丢弃全部负荷。

D25－3:下游3台机发电相应最低尾水位,共尾水调压洞的3台机组满负荷发电,同时丢弃全部负荷。

3.1.2.2 导叶关闭规律优化

导叶关闭规律对水电站过渡过程有很大影响,尤其是蜗壳动水压力、尾水管真空度及机组转速升高率等机组参数与之有很大关系,因此计算前有必要对导叶关闭规律进行优化。

机组转轮力矩取18 600 $t \cdot m^2$,取以下2个工况作为典型工况来优化导叶关闭规律:

D1:上游正常蓄水位,额定水头,额定功率,同一压力主管上2台机组同时甩全负荷,导叶能正常关闭。

D21:下游4台机发电流量尾水位,共尾水隧洞的4台机组同时甩全负荷。

采用直线关闭规律,对上述2种工况,分别在8、9、10、11、12 s时间内关闭,计算结果见表3-4、表3-5。

表 3-4　　D1 工况计算结果

导叶关闭时间(s)	机组	蜗壳末端最大压力(m)	尾水管最小压力(m)	最大转速升高率(%)
8	1	384.67(3.24)	10.06(7.92)	40.81(5.63)
	2	384.45(3.24)	9.85(7.92)	40.87(5.63)
9	1	378.06(3.55)	11.55(8.72)	42.87(6.11)
	2	377.88(3.49)	11.42(8.73)	42.93(6.11)
10	1	373.41(4.04)	11.21(9.81)	44.68(6.56)
	2	373.57(10.02)	11.47(9.82)	44.74(6.56)
11	1	370.93(11)	10.97(10.86)	46.28(7)
	2	370.72(11)	10.92(10.86)	46.34(7)
12	1	368.39(5.05)	11.1(11.85)	47.71(7.42)
	2	368.33(12)	10.98(11.84)	47.77(7.42)

注:表中括号内数字表示极值发生时刻,单位为 s。

表 3-5　　D21 工况计算结果

导叶关闭时间(s)	机组	蜗壳末端最大压力(m)	尾水管最小压力(m)	最大转速升高率(%)
8	1	377.38(3.29)	-0.42(7.87)	40.89(5.65)
	2	377.10(8.01)	-1.12(7.87)	41.07(5.65)
	3	378.18(3.24)	-1.42(8.01)	41.32(5.65)
	4	378.43(3.27)	-1.47(7.89)	41.36(5.65)
9	1	371.31(3.69)	0.61(9.03)	42.96(6.13)
	2	370.64(3.72)	0.38(8.92)	43.14(6.13)
	3	372.12(3.51)	-0.05(8.8)	43.39(6.13)
	4	371.92(3.77)	0.10(8.92)	43.43(6.13)
10	1	366.83(4.11)	0.41(9.73)	44.79(6.60)
	2	366.31(10.01)	0.22(9.73)	44.96(6.58)
	3	367.27(3.83)	-0.34(10.02)	45.21(6.60)
	4	367.03(3.77)	0.39(9.93)	45.25(6.60)
11	1	364.14(35.13)	0.31(10.8)	46.41(7.03)
	2	364.70(11.01)	0.09(10.92)	46.58(7.03)
	3	364.23(4.74)	0.20(10.79)	46.83(7.03)
	4	364.65(11)	0.35(10.82)	46.86(7.02)
12	1	363.54(36.14)	0.19(11.78)	47.86(7.45)
	2	362.61(12.02)	0.01(11.82)	48.02(7.45)
	3	363.34(33.27)	0.17(11.85)	48.27(7.45)
	4	363.39(33.27)	0.47(11.81)	48.3(7.45)

注:表中括号内数字表示极值发生时刻,单位为 s。

机组最大蜗壳压力和最大转速上升率控制标准分别为 416.88 m 和 50%，由以上计算结果可知，2 个工况中不同的导叶关闭时间都能满足控制标准，而采用 10 s 的导叶关闭时间能够保证蜗壳末端最大动水压力和最大转速上升率都有较大裕度，因此采用 10 s 的导叶关闭时间，关闭规律如图 3-2 所示。文中水轮机导叶开度为相对开度，相对开度的基值为额定开度（α = 14.95 mm），如 τ = 1 时绝对开度为 14.95 mm。

增负荷时，有效增荷时间取 60 s，从空载开度增至额定开度，导叶开启规律如图 3-3 所示。

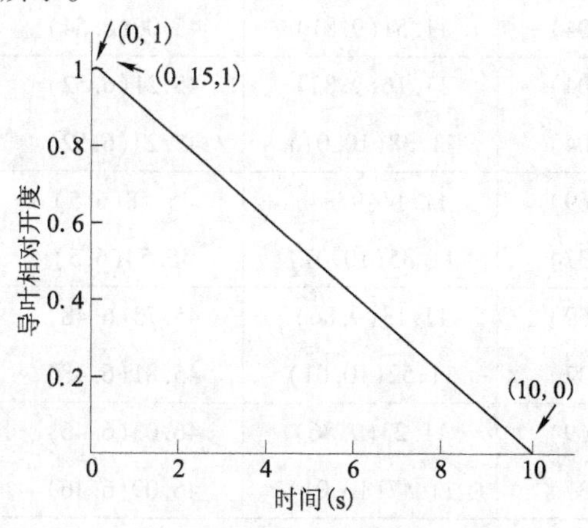

图 3-2　导叶直线关闭规律

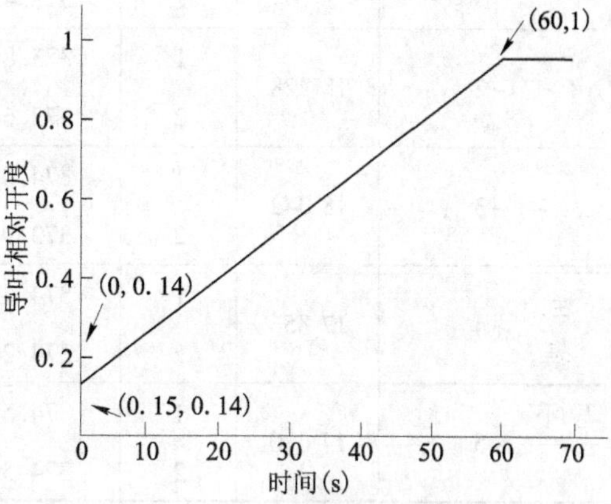

图 3-3　导叶开启规律

3.1.2.3　GD^2 敏感性分析

选取 D1 工况作为分析工况，分别计算 GD^2 在 18 600 t · m^2 基础上增加或减小 1% ~ 5%，结果见表 3-6。

表 3-6　GD^2 敏感性分析计算结果

GD^2 的变化率（%）	GD^2（t · m^2）	机组号	蜗壳最大动水压力（m）	尾水管最小压力（m）	转速最大上升率（%）
5	19 530	1	372.65(10)	11.37(9.75)	43.41(6.66)
		2	373.19(10)	11.33(9.74)	43.46(6.66)
4	19 344	1	372.89(10)	11.37(9.75)	43.66(6.64)
		2	373.00(9.97)	11.33(9.74)	43.71(6.64)
3	19 158	1	372.86(10)	11.39(9.75)	43.91(6.62)
		2	373.10(9.98)	11.51(9.76)	43.97(6.62)
2	18 972	1	372.96(4.04)	11.39(9.76)	44.16(6.6)
		2	375.23(10)	11.46(9.81)	44.22(6.6)
1	18 786	1	373.38(10)	11.50(9.8)	44.42(6.58)
		2	374.48(10.01)	11.48(9.81)	44.48(6.58)

续表 3-6

GD^2的变化率(%)	GD^2(t·m²)	机组号	蜗壳最大动水压力(m)	尾水管最小压力(m)	转速最大上升率(%)
0	18 600	1	373.41(4.04)	11.21(9.81)	44.68(6.56)
		2	373.57(10.02)	11.47(9.82)	44.74(6.56)
-1	18 414	1	373.63(4.04)	11.17(9.82)	44.94(6.54)
		2	373.42(4.04)	11.51(9.81)	45.00(6.54)
-2	18 228	1	373.85(4.04)	11.16(9.82)	45.21(6.52)
		2	373.64(4.04)	11.38(10.01)	45.27(6.52)
-3	18 042	1	374.07(4.69)	11.14(9.84)	45.48(6.5)
		2	373.91(4.37)	11.35(10.01)	45.54(6.5)
-4	17 856	1	374.32(4.69)	11.13(9.86)	45.75(6.48)
		2	374.20(4.37)	11.52(10.01)	45.81(6.48)
-5	17 670	1	374.56(4.69)	11.23(9.86)	46.03(6.46)
		2	374.50(4.37)	11.47(10.01)	46.09(6.46)

注:表中括号内数字表示极值发生时刻,单位为 s。

由结果可知,GD^2对转速升高率影响较大,随着GD^2减小机组最大转速上升率变大,随着GD^2增大机组最大转速上升率变小。但GD^2在±5%范围内变化时,机组最大转速上升率仍满足控制标准。

3.1.2.4 输水系统糙率敏感性分析

为研究输水管道不同糙率对上游调压室最高及最低涌浪、尾水调压洞最高及最低涌浪、机组蜗壳最大压力、机组尾水管最小压力、机组最大转速升高率等参数的影响。取D1、D9、D14、D15、D16-1、D19-2、D20、D21等工况为糙率敏感性分析的典型工况,计算大波动过渡过程。计算结果见表3-7、表3-8。

表 3-7 压力引水道糙率敏感性分析计算结果

工况	工况类别	糙率	蜗壳最大动水压力(m)	转速最大上升率(%)	上游调压室最高涌浪(m)	上游调压室最低涌浪(m)
D1	甩负荷	最小糙率	378.20	44.73	937.79	-
		平均糙率	373.57	44.72	936.72	-
		最大糙率	368.22	44.73	935.58	-
D9	波动叠加(先增后甩)	最小糙率	377.94	41.68	941.84	-
		平均糙率	371.88	40.71	939.88	-
		最大糙率	365.89	39.67	937.97	-

续表 3-7

工况	工况类别	糙率	蜗壳最大动水压力（m）	转速最大上升率（%）	上游调压室最高涌浪（m）	上游调压室最低涌浪（m）
D14	波动叠加（先甩后增）	最小糙率	375.19	–	–	842.44
		平均糙率	370.22	–	–	843.13
		最大糙率	365.53	–	–	843.52
D15	增负荷	最小糙率	327.60	–	–	845.55
		平均糙率	324.50	–	–	845.42
		最大糙率	324.38	–	–	845.25

表 3-8　　压力尾水道糙率敏感性分析计算结果

工况	工况类别	糙率	尾水管最小压力（m）	转速最大上升率（%）	尾水调压洞最高涌浪（m）	尾水调压洞最低涌浪（m）
D16	增负荷	最小糙率	27.72	–	603.13	–
		平均糙率	27.86	–	603.22	–
		最大糙率	28.02	–	603.32	–
D19－2	波动叠加（先增后甩）	最小糙率	18.26	39.56	609.48	–
		平均糙率	18.41	39.52	609.41	–
		最大糙率	18.61	39.49	609.32	–
D20	波动叠加（先甩后增）	最小糙率	14.80	–	–	591.37
		平均糙率	15.63	–	–	591.44
		最大糙率	15.86	–	–	591.51
D21	甩负荷	最小糙率	－0.95	45.27	–	574.25
		平均糙率	－0.85	45.25	–	574.32
		最大糙率	－0.75	45.25	–	574.39

由表 3-7 的计算结果可知：

（1）压力引水道糙率从最小变化至最大时，蜗壳最大动水压力的变化幅度最大值为 12.05 m（D9 工况由 377.94 m 变化至 365.89 m）。因此，蜗壳最大动水压力的计算工况采用最小糙率。

（2）对于 D1 和 D9 工况，压力引水道糙率从最小变化至最大时，上游调压室的最高涌浪相应减小；因此，上游调压室最高涌浪计算工况中的甩负荷工况和波动叠加工况采用最小糙率。

（3）对于 D14 工况，压力引水道糙率从最小变化至最大时，上游调压室的最低涌浪相应增大，对于 D15 工况，压力引水道糙率从最小变化至最大时，上游调压室的最低涌浪相应减小。因此，上游调压室最低涌浪计算工况中波动叠加工况采用最小糙率，增负荷工况采用最大糙率。

(4)压力引水道糙率从最小变化至最大时，机组最大转速上升率变化不大。因此，压力引水道糙率对机组最大转速上升率影响不明显。

由表 3-8 的计算结果可知：

(1)压力尾水道糙率从最小变化至最大时，尾水管最小压力的变化幅度最大值为 1 m (D20 工况由 14.8 m 变化至 15.86 m)。因此，压力尾水道糙率对尾水管最小压力影响不明显，尾水管最小压力的计算工况可采用最小糙率。

(2)对于 D16 工况，压力尾水道糙率从最小变化至最大时，尾水调压洞的最高涌浪相应增大，对于 D19－2 工况，压力尾水道糙率从最小变化至最大时，尾水调压洞的最高涌浪相应增大。因此，尾水调压洞最高涌浪计算工况中波动叠加工况采用最小糙率，增负荷工况采用最大糙率。

(3)对于 D20 和 D21 工况，压力尾水道糙率从最小变化至最大时，尾水调压洞的最低涌浪相应增大。因此，尾水调压洞最低涌浪计算工况中的甩负荷工况和波动叠加工况采用最小糙率。

3.1.2.5　大波动过渡过程计算结果

(1)蜗壳最大动水压力、机组上游侧沿管轴线最大压力、上游调压室最高涌浪控制工况计算结果及分析

蜗壳最大动水压力、机组上游侧沿管轴线最大压力、上游调压室最高涌浪的计算工况包括：

D1：上游正常蓄水位，额定水头，额定功率，同一压力主管上的 2 台机组同时甩全负荷。

D3：上、下游为校核洪水位，同一压力主管上的 2 台机组发额定负荷，同时甩全负荷。

D4：上游正常蓄水位时，共用上游调压室的全部 2 台机组由 1 台增加至 2 台，上游调压室水位最高时，全部机组同时丢弃全部负荷。

D5：上、下游为校核洪水位，共用上游调压室的全部 2 台机组由 1 台增加至 2 台，上游调压室水位最高时，全部机组同时丢弃全部负荷。

D6－1：上游正常蓄水位，同一压力主管上的 2 台机组中 1 台甩负荷，在上游调压室水位最高时刻，另 1 台机组相继甩负荷。

D6－2：上游正常蓄水位，同一压力主管上的 2 台机组中 1 台甩负荷，在流进上游调压室流量最大时刻，另 1 台机组相继甩负荷。

D7：上游正常蓄水位，同一压力主管上 1 台机组停机，另 1 台水轮机在最大测压管水头下突甩 50% 负荷。

D8：上游正常蓄水位，共用上游调压室的全部 2 台机组由 1 台增至 2 台，在流入调压室流量最大时刻，全部机组同时丢弃全部负荷。

D9：上游校核洪水位，共用上游调压室的全部 2 台机组由 1 台增至 2 台，在流入调压室流量最大时刻，全部机组同时丢弃全部负荷。

计算结果见表 3-9 和表 3-10。

表 3-9 机组调保参数计算结果

工况号	机组号	导叶初始开度(%)	机组初始水头(m)	机组初始流量(m^3/s)	机组初始出力(MW)	蜗壳最大动水压力(m)	尾水管最小压力(m)	转速最大上升率(%)
D1	1	100	292.21	106.27	280.39	378.05 (4.04)	15.91 (9.81)	44.67 (6.56)
	2	100	292.02	106.22	280.07	378.20 (10.02)	16.17 (9.82)	44.73 (6.56)
D3	1	100	287.98	105.15	273.59	380.18 (4.04)	22.98 (9.82)	43.73 (6.56)
	2	100	287.79	105.09	273.27	379.97 (4.04)	23.31 (9.81)	43.78 (6.56)
D4	1	100	303.14	109.13	298.04	389.72 (369.09)	16.47 (368.83)	46.20 (365.72)
	2	14	304.77	17.00	0	389.74 (369.09)	16.28 (368.83)	46.26 (365.72)
D5	1	100	298.69	107.97	290.82	391.65 (368.59)	23.54 (368.34)	45.26 (365.22)
	2	14	300.28	16.80	0	391.66 (368.59)	23.36 (368.34)	45.32 (365.21)
D6-1	1	100	292.21	106.27	280.39	372.92 (154.41)	18.03 (2.31)	41.02 (6.46)
	2	100	292.02	106.22	280.07	389.63 (156.05)	16.44 (153.71)	48.16 (158.43)
D6-2	1	100	292.21	106.27	280.39	371.79 (241.21)	17.57 (39.49)	41.02 (6.46)
	2	100	292.02	106.22	280.07	374.14 (24.42)	14.14 (24.27)	44.80 (20.95)
D7	1	100	319.90	97.47	280.90	384.72 (1)	1.73 (1.2)	12.75 (4.8)
D8	1	100	303.14	109.13	298.04	375.92 (241.55)	16.87 (241.23)	42.55 (238.2)
	2	14	304.77	17.00	0	375.95 (241.55)	16.68 (241.24)	42.60 (238.2)
D9	1	100	298.69	107.97	290.82	377.91 (241.55)	23.90 (241.25)	41.63 (238.19)
	2	14	300.28	16.80	0	377.94 (241.55)	23.72 (241.25)	41.68 (238.19)

表 3-10　　上游调压室涌浪计算结果

工况	上游调压室初始水位(m)	上游调压室最高涌浪(m)	上游调压室最低涌浪(m)	上游调压室向下最大压差(m)	上游调压室向上最大压差(m)
D1	893.94	937.79 (216.44)	852.98 (558.15)	4.91 (429.33)	13.93 (14.53)
D3	896.63	938.84 (224.84)	856.82 (578.42)	4.69 (456.47)	13.37 (14.53)
D4	902.40	938.56 (569.83)	851.98 (911.89)	5.21 (780.88)	12.53 (369.6)
D5	904.91	939.61 (574.93)	855.82 (933.29)	4.97 (806.34)	12.29 (369.10)
D6－1	893.94	931.52 (301.15)	862.69 (617.41)	3.10 (506.79)	3.97 (14.53)
D6－2	893.94	937.79 (224.98)	852.96 (565.00)	4.95 (437.68)	11.32 (24.93)
D7	904.25	920.86 (124.26)	888.38 (355.69)	0.45 (245.52)	0.65 (10.79)
D8	902.40	940.78 (455.73)	849.21 (805.8)	5.84 (676.55)	16.62 (242.06)
D9	904.91	941.84 (466.65)	853.11 (825.29)	5.43 (691.34)	16.28 (242.06)

注:表中括号内数字表示极值发生时刻,单位为 s。

由结果可知:

1)蜗壳最大压力的控制工况是 D5:上、下游为校核洪水位,共用上游调压室的全部 2 台机组由 1 台增加至 2 台,上游调压室水位最高时,全部机组同时丢弃全部负荷。此时机组的蜗壳最大压力分别为 391.65 m 和 391.66 m,都小于 416.88 m 的控制标准。

2)上游调压室最高涌浪的控制工况是 D9:上游校核洪水位,共用上游调压室的全部 2 台机组由 1 台增至 2 台,在流入调压室流量最大时刻,全部机组同时丢弃全部负荷。此时调压室最高涌浪为 941.84 m,低于上游调压室顶部平台高程 942.00 m,裕度不大。

(2)机组上游侧沿管轴线最小压力和上游调压室最低涌浪控制工况计算结果及分析

机组上游侧沿管轴线最小压力和上游调压室最低涌浪的计算工况包括:

D10:上游死水位,共用上游调压室的 2 台机组由 1 台增加至 2 台。

D11:上游死水位,共用上游调压室的 2 台机组由 1 台增加至 2 台,在流入上游调压室流量最大时刻,全部机组同时丢弃全部负荷。

D12:上游死水位,共用上游调压室的 2 台机组中 1 台增负荷,在流出上游调压室流量最大时刻,另 1 台机组增负荷。

D13:上游死水位,共用上游调压室的 2 台机组同时丢弃全部负荷。

D14:上游死水位,共用上游调压室的 2 台机组同时丢弃全部负荷,在流出调压室流量最大时,1 台机组启动,从空载增至满负荷。

D15:上游死水位,共用上游调压室的 2 台机组同时增负荷。

计算结果见表 3-11 和表 3-12。

表 3-11 机组调保参数计算结果

工况号	机组号	导叶初始开度(%)	机组初始水头(m)	机组初始流量(m^3/s)	机组初始出力(MW)	蜗壳最大动水压力(m)	尾水管最小压力(m)	转速最大上升率(%)
D10	1	100	304.15	109.39	299.67	315.87 (0.21)	6.86 (0.01)	0
	2	14	305.78	17.04	0	315.27 (0.05)	8.87 (108.57)	0
D11	1	100	307.49	110.26	305.09	367.28 (241.55)	3.31 (241.22)	43.44 (238.21)
	2	14	309.15	17.18	0	367.37 (241.55)	3.17 (241.23)	43.49 (238.21)
D12	1	14	314.62	17.41	0	324.38 (0.13)	9.24 (0.01)	0
	2	14	314.62	17.41	0	324.47 (0.21)	9.25 (0.01)	0
D13	1	100	296.33	107.36	287.03	369.33 (10.00)	2.53 (9.8)	45.58 (6.57)
	2	100	296.13	107.30	286.70	370.44 (10.01)	2.56 (9.81)	45.64 (6.57)
D14	1	100	296.33	107.36	287.03	375.19 (9.96)	0.83 (17.07)	0
	2	100	296.13	107.30	286.70	372.58 (10.00)	3.03 (9.63)	44.74 (6.63)
D15	1	14	314.62	17.41	0	324.38 (0.13)	7.96 (106.78)	0
	2	14	314.62	17.41	0	324.37 (0.13)	8.05 (106.94)	0

表 3-12　　上游调压室涌浪计算

工况	上游调压室初始水位（m）	上游调压室最高涌浪（m）	上游调压室最低涌浪（m）	上游调压室向下最大压差（m）	上游调压室向上最大压差（m）
D10	889.84	889.84 (0.01)	854.90 (144.28)	1.29 (60.51)	0.25 (217.23)
D11	893.30	936.81 (431.7)	846.62 (748.99)	6.81 (618.61)	16.94 (242.06)
D12	897.38	897.38 (0.78)	846.07 (187.84)	2.15 (102.24)	1.03 (290.75)
D13	884.67	933.90 (187.87)	847.32 (495.1)	5.66 (361.99)	14.54 (14.53)
D14	884.67	931.77 (181.29)	842.44 (506.16)	7.33 (399.91)	14.34 (14.53)
D15	897.38	897.38 (0.73)	845.25 (159.63)	5.08 (60.51)	1.27 (258.69)

注：表中下方括号内数字表示极值发生时刻，单位为 s。

由结果可知：

上游调压室最低涌浪的控制工况是 D14：上游死水位，共用上游调压室的 2 台机组同时丢弃全部负荷，在流出调压室流量最大时，1 台机组启动，从空载增至满负荷。此时调压室最低涌浪为 842.44 m，高于调压室下室底板高程 841.5 m，满足控制标准。

综上所述，可得机组上游侧沿程压力包络线，如图 3-4 和图 3-5 所示（以 1#机组为典型机组）。

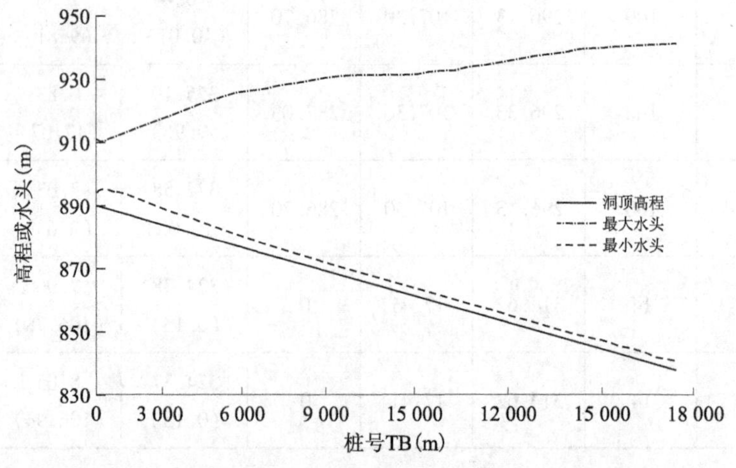

图 3-4　上游侧沿程压力包络线（进水口至上游调压室）

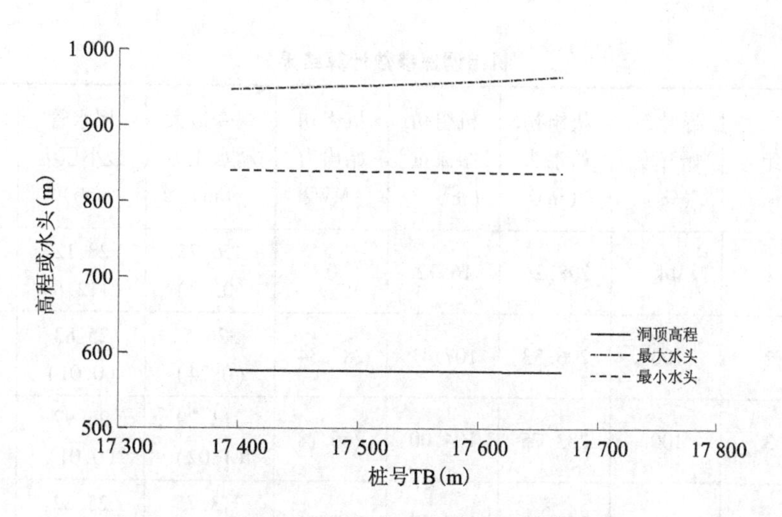

图 3-5　上游侧沿程压力包络线(竖井末端至厂房前)

由结果可知,所有工况下,压力输水系统上游侧各断面最高点处的最小压力为 0.021 5 MPa(2.194 m 水柱,桩号为 TB15631.41 m),满足控制标准 0.02 MPa。

(3)机组下游侧沿管轴线最大压力和尾水调压洞最高涌浪控制工况计算结果及分析

机组下游侧沿管轴线最大压力和尾水调压洞最高涌浪的计算工况包括:

D16－1:下游设计洪水位,共用尾水调压洞的全部 4 台机组由 3 台增至 4 台。

D16－2:下游设计洪水位,共用尾水调压洞的全部机组由 2/3 负荷突增至满负荷。

D17－1:下游为校核洪水位,共用尾水调压洞的全部 4 台机组由 3 台增至 4 台。

D17－2:下游为校核洪水位,共用尾水调压洞的全部机组由 2/3 负荷突增至满负荷。

D18－1:下游设计洪水位,共用尾水调压洞的全部 4 台机组由 3 台增至 4 台,流出尾水调压洞流量最大时刻,全部机组瞬间丢弃全部负荷。

D18－2:下游设计洪水位,共用尾水调压洞的全部机组由 2/3 负荷突增至满负荷,流出尾水调压洞流量最大时刻,全部机组瞬间丢弃全部负荷。

D19－1:下游校核洪水位,共用尾水调压洞的全部 4 台机组由 3 台增至 4 台,流出尾水调压洞流量最大时刻,全部机组瞬间丢弃全部负荷。

D19－2:下游校核洪水位,共用尾水调压洞的全部机组由 2/3 负荷突增至满负荷,流出尾水调压洞流量最大时刻,全部机组瞬间丢弃全部负荷。

D20:下游设计洪水位,共用调压室全部机组全部同时甩负荷,在流进尾水调压洞流量最大时刻,一台机组启动,从空载增至满负荷。

计算结果见表 3-13 和表 3-14。

表 3-13　　机组调保参数计算结果

工况号	机组号	导叶初始开度（%）	机组初始水头（m）	机组初始流量（m^3/s）	机组初始出力（MW）	蜗壳最大动水压力（m）	尾水管最小压力（m）	转速最大上升率（%）
D16－1	1	14	298.26	16.72	0	326.75（0.12）	28.12（112.8）	0
	2	100	296.53	107.41	287.34	326.5（0.24）	25.83（0.01）	0
	3	100	283.75	104.00	266.78	313.79（1.02）	25.97（0.01）	0
	4	100	283.89	104.04	267.01	313.75（0.53）	25.82（0.01）	0
D16－2	1	61	296.90	67.47	177.89	324.02（0.13）	27.05（94.67）	0
	2	61	296.82	67.46	177.80	323.86（0.13）	27.13（94.91）	0
	3	61	296.86	67.47	177.84	323.77（0.12）	27.21（0.01）	0
	4	61	296.97	67.49	177.97	323.79（0.15）	27.09（0.01）	0
D17－1	1	14	297.64	16.69	0	329.22（0.05）	31.06（0.13）	0
	2	100	295.92	107.25	286.35	328.76（0.13）	28.76（0.01）	0
	3	100	283.18	103.85	265.86	316.46（1.04）	28.91（0.01）	0
	4	100	283.32	103.89	266.09	316.54（0.53）	28.76（0.01）	0
D17－2	1	61	296.35	67.16	176.67	326.48（0.13）	30.08（94.91）	0
	2	61	296.27	67.15	176.58	326.32（0.13）	30.17（95.15）	0
	3	61	296.31	67.15	176.63	326.23（0.12）	30.25（95.07）	0
	4	61	296.42	67.18	176.75	326.26（0.15）	30.16（0.01）	0

续表 3-13

工况号	机组号	导叶初始开度（%）	机组初始水头（m）	机组初始流量（m^3/s）	机组初始出力（MW）	蜗壳最大动水压力（m）	尾水管最小压力（m）	转速最大上升率（%）
D18－1	1	14	298.40	16.72	0	360.05（304.25）	16.08（93.34）	38.95（90.07）
	2	100	296.67	107.44	287.56	360.17（311.95）	15.88（93.35）	39.11（90.06）
	3	100	283.88	104.04	266.99	374.53（93.49）	16.35（93.43）	42.68（90.14）
	4	100	284.02	104.08	267.21	374.43（93.49）	16.36（93.44）	42.7（90.14）
D18－2	1	61	296.99	67.49	177.99	360.26（292.07）	15.32（73.22）	39.56（70.01）
	2	61	296.91	67.48	177.90	360.3（291.83）	15.19（73.23）	39.71（70）
	3	61	296.95	67.48	177.95	360.82（277.82）	15.26（73.25）	39.94（70.01）
	4	61	297.06	67.50	178.07	361.14（258.36）	15.46（73.26）	39.97（70.01）
D19－1	1	14	297.79	16.70	0	361.14（328.59）	19.16（92.98）	38.85（89.71）
	2	100	296.06	107.28	286.58	361.3（311.59）	18.94（92.99）	39.01（89.7）
	3	100	283.31	103.88	266.07	376.9（93.13）	19.43（93.07）	42.54（89.78）
	4	100	283.45	103.92	266.29	376.8（93.13）	19.44（93.08）	42.57（89.78）
D19－2	1	36.60	296.44	67.18	176.77	361.47（308.95）	18.41（73.33）	39.41（70.13）
	2	36.60	296.36	67.16	176.68	361.55（308.71）	18.26（73.35）	39.56（70.12）
	3	36.60	296.40	67.17	176.73	361.93（277.94）	18.3（73.37）	39.8（70.13）
	4	36.60	296.51	67.19	176.85	362.04（258.48）	18.53（73.37）	39.82（70.13）

续表 3-13

工况号	机组号	导叶初始开度（%）	机组初始水头（m）	机组初始流量（m^3/s）	机组初始出力（MW）	蜗壳最大动水压力（m）	尾水管最小压力（m）	转速最大上升率（%）
D20	1	100	283.29	103.88	266.05	380.39（9.98）	14.80（17.26）	0
	2	100	283.10	103.83	265.74	377.95（9.96）	14.62（9.98）	42.10（6.64）
	3	100	283.19	103.85	265.88	374.28（10）	16.38（10.02）	43.19（6.58）
	4	100	283.45	103.92	266.30	374.07（10）	16.94（9.94）	43.23（6.58）

表 3-14 尾水调压洞涌浪计算结果

工况	尾水调压洞初始水位（m）	尾水调压洞最高涌浪（m）	尾水调压洞最低涌浪（m）	尾水调压洞向下最大压差（m）	尾水调压洞向上最大压差（m）
D16－1	601.64	603.32（58.92）	601.44（113.27）	0.03（83.37）	0.02（24.96）
D16－2	601.20	605.14（40.89）	600.38（94.61）	0.21（64.01）	0.24（23）
D17－1	604.69	606.36（58.97）	604.49（113.28）	0.03（83.65）	0.02（24.82）
D17－2	604.24	608.19（40.94）	603.41（94.65）	0.21（64.07）	0.24（23）
D18－1	601.49	606.21（168.17）	590.79（114.47）	4.93（93.65）	2.16（137.32）
D18－2	601.10	606.43（148.1）	590.18（94.31）	5.72（73.55）	2.39（117.23）
D19－1	604.54	609.25（167.83）	593.85（114.13）	4.93（93.29）	2.16（136.95）
D19－2	604.15	609.48（148.21）	593.23（94.42）	5.70（73.67）	2.39（117.35）
D20	602.23	607.08（86.49）	591.37（31.24）	4.78（10.16）	2.01（56.34）

注：表中括号内数字表示极值发生时刻，单位为 s。

由结果可知，尾水调压洞最高涌浪控制工况为 D19－2：下游校核洪水位，共用尾水调压洞的全部机组由 2/3 负荷突增至满负荷，流出尾水调压洞流量最大时刻，全部机组瞬间丢弃全部负荷。此时，调压洞最高涌浪值为 609.48 m，略低于尾水调压洞出口高程 610.00 m，但裕度较小。

（4）尾水管最大真空度、机组下游侧沿管轴线最小压力、尾水调压洞最低涌浪控制工况计算结果及分析

尾水管最大真空度、机组下游侧沿管轴线最小压力、尾水调压洞最低涌浪的计算工况包括：

D21：下游 4 台机发电流量尾水位，共尾水隧洞的 4 台机组同时甩全负荷。

D22：最低尾水位（4 台机满发水位），共尾水隧洞的 4 台机组相继甩负荷（在流出尾水调压洞流量最大时刻下 1 台机组甩负荷，相继甩时刻依次为 10.11 s、19.87 s、25.49 s）。

D23－1：相应下游低水位时（3 台机满发水位），共用尾水调压洞的全部 4 台机组由 3 台增至 4 台，在尾水调压洞涌浪最低时，全部机组瞬间丢弃全部负荷。

D23－2：相应下游低水位时，共用尾水调压洞的全部机组由 2/3 负荷突增至满载，在尾水调压洞涌浪最低时，全部机组瞬间丢弃全部负荷。

D24－1：发电相应下游水位时（3 台机满发水位），共用尾水调压洞的全部 4 台机组由 3 台增至 4 台，流出尾水调压洞的流量最大时，全部机组瞬间丢弃全部负荷。

D24－2：发电相应下游水位时，共用尾水调压洞的全部机组由 2/3 负荷突增至满负荷，流出尾水调压洞的流量最大时，全部机组瞬间丢弃全部负荷。

D25－1：下游 1 台机发电相应最低尾水位，共尾水调压洞的 1 台机组满负荷发电，丢弃全部负荷。

D25－2：下游 2 台机发电相应最低尾水位，共尾水调压洞的 2 台机组满负荷发电，同时丢弃全部负荷。

D25－3：下游 3 台机发电相应最低尾水位，共尾水调压洞的 3 台机组满负荷发电，同时丢弃全部负荷。

计算结果见表 3-15 和表 3-16。

表 3-15　　机组调保参数计算结果

工况号	机组号	导叶初始开度（%）	机组初始水头（m）	机组初始流量（m^3/s）	机组初始出力（MW）	蜗壳最大动水压力（m）	尾水管最小压力（m）	转速最大上升率（%）
D21	1	100	292.27	106.29	280.49	367.25 （10）	0.07 （9.73）	44.81 （6.59）
	2	100	292.08	106.23	280.17	366.91 （10）	－0.07 （9.74）	44.98 （6.59）
	3	100	292.17	106.26	280.31	368.10 （10）	－0.93 （9.97）	45.24 （6.6）
	4	100	292.44	106.33	280.76	367.98 （10）	－0.95 （10.01）	45.27 （6.59）

续表 3-15

工况号	机组号	导叶初始开度（%）	机组初始水头（m）	机组初始流量（m^3/s）	机组初始出力（MW）	蜗壳最大动水压力（m）	尾水管最小压力（m）	转速最大上升率（%）
D22	1	100	292.27	106.29	280.49	367.26 (214.3)	1.55 (46.39)	41.03 (6.46)
	2	100	292.08	106.23	280.17	367.21 (140.93)	1.37 (36.74)	43.58 (16.53)
	3	100	292.17	106.26	280.31	369.94 (175.96)	-1.30 (29.56)	41.42 (26.45)
	4	100	292.44	106.33	280.76	370.50 (183.62)	-3.81 (30.58)	45.57 (31.82)
D23-1	1	14	307.61	17.12	-2.50	359.08 (329.8)	-0.56 (120.81)	39.63 (117.61)
	2	100	305.79	109.82	302.34	359.11 (328.6)	-1.24 (120.97)	39.79 (117.61)
	3	100	292.44	106.33	280.76	367.44 (121.02)	-0.66 (120.96)	44.68 (117.67)
	4	100	292.59	106.37	280.99	367.39 (121.02)	-0.40 (120.96)	44.71 (117.67)
D23-2	1	60	306.75	68.60	186.86	359.41 (312.57)	-0.75 (103.58)	40.46 (100.39)
	2	60	306.67	68.58	186.76	359.49 (288.25)	-0.85 (103.58)	40.61 (100.38)
	3	60	306.71	68.59	186.81	360.30 (286.74)	-0.89 (103.61)	40.83 (100.4)
	4	60	306.83	68.61	186.94	360.48 (288.72)	-0.70 (103.62)	40.84 (100.39)
D24-1	1	14	307.61	17.12	0	357.30 (256.71)	-1.05 (92.67)	40.86 (89.45)
	2	100	305.79	109.82	302.34	357.14 (264.41)	-1.18 (92.69)	41.02 (89.45)
	3	100	292.44	106.33	280.76	367.61 (92.86)	-0.82 (92.77)	44.57 (89.52)
	4	100	292.59	106.37	280.99	367.63 (92.86)	-0.74 (92.78)	44.60 (89.52)

续表 3-15

工况号	机组号	导叶初始开度（%）	机组初始水头（m）	机组初始流量（m^3/s）	机组初始出力（MW）	蜗壳最大动水压力（m）	尾水管最小压力（m）	转速最大上升率（%）
D24-2	1	60	306.75	68.60	186.86	357.32 (245)	-1.57 (73.51)	41.49 (70.34)
	2	60	306.67	68.58	186.76	357.40 (256.26)	-1.68 (73.52)	41.64 (70.34)
	3	60	306.71	68.59	186.81	358.50 (256.67)	-1.67 (73.54)	41.88 (70.35)
	4	60	306.83	68.61	186.94	358.49 (258.65)	-1.43 (73.55)	41.91 (70.34)
D25-1	1	89	309.43	100.51	280.45	360.72 (2.48)	3.31 (1.84)	38.18 (5.87)
D25-2	1	100	292.31	106.30	280.55	364.61 (4.04)	2.38 (9.81)	44.69 (6.56)
	2	100	292.11	106.24	280.23	364.77 (10.02)	2.64 (9.82)	44.74 (6.56)
D25-3	1	100	292.40	106.32	280.69	365.82 (4.04)	1.28 (9.75)	44.78 (6.58)
	2	100	292.20	106.27	280.37	365.44 (4.1)	1.23 (9.79)	44.89 (6.57)
	3	89	308.76	100.83	280.71	361.05 (2.67)	1.06 (8.84)	38.58 (5.92)

表 3-16　**尾水调压洞涌浪计算结果**

工况	尾水调压洞初始水位（m）	尾水调压洞最高涌浪（m）	尾水调压洞最低涌浪（m）	尾水调压洞向下最大压差（m）	尾水调压洞向上最大压差（m）
D21	585.55	589.33 (85.19)	574.25 (31.56)	4.86 (10.17)	2.06 (53.81)
D22	585.55	589.14 (99.59)	574.74 (45.98)	1.64 (31.11)	1.90 (68.62)
D23-1	584.47	589.02 (194.92)	573.98 (141.25)	4.29 (121.18)	2.05 (164.86)

续表 3-16

工况	尾水调压洞初始水位（m）	尾水调压洞最高涌浪（m）	尾水调压洞最低涌浪（m）	尾水调压洞向下最大压差（m）	尾水调压洞向上最大压差（m）
D23 - 2	584.35	589.34 (176.23)	574.23 (122.54)	3.79 (103.93)	2.07 (145.19)
D24 - 1	584.47	589.18 (167.63)	573.57 (113.89)	5.13 (93)	2.21 (136.71)
D24 - 2	584.35	589.7 (148.46)	573.25 (94.64)	5.96 (73.9)	2.45 (117.56)
D25 - 1	582.53	584.95 (83.17)	579.37 (30.48)	0.37 (9.03)	0.29 (55.18)
D25 - 2	583.40	587.00 (84.18)	577.09 (31.18)	1.46 (10.14)	0.90 (55.04)
D25 - 3	584.40	588.34 (84.48)	575.60 (31.11)	2.82 (10.14)	1.48 (54.27)

注：表中括号内数字表示极值发生时刻，单位为 s。

由结果可知：

1）尾水管最大真空度的控制工况为 D22：最低尾水位，共尾水隧洞的 4 台机组相继甩负荷（在流出尾水调压洞流量最大时刻下 1 台机组甩负荷）。此时机组的尾水管最大真空度为 3.81 m，满足尾水管进口断面的最大真空度不大于 0.072 MPa 的标准。

2）尾水调压洞最低涌浪控制工况为 D24 - 2：发电相应下游水位时，共用尾水调压洞的全部机组由 2/3 负荷突增至满负荷，流出尾水调压洞的流量最大时，全部机组瞬间丢弃全部负荷。此时调压洞最低涌浪值为 573.25 m，满足 566.00 m 的控制标准，且裕度较大。

综上所述，可得机组下游侧沿程压力包络线，如图 3-6 和图 3-7 所示（以 4# 机组为典型机组）。

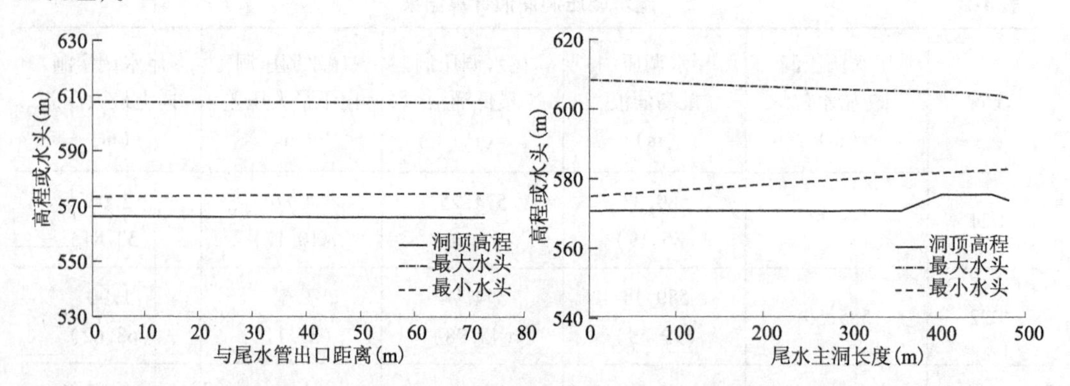

图 3-6　机组下游侧沿程压力包络线（尾水管出口至尾水调压洞）

图 3-7　机组下游侧沿程压力包络线（四管汇流处至下游出口）

由结果可知,所有工况下,压力输水系统下游侧各断面最高点处的最小压力为0.040 9 MPa(4.17 m水柱,四管汇流处),满足控制标准0.02 MPa,并有一定裕度。

(5)机组最大转速升高控制工况计算结果及分析

机组最大转速升高的计算工况包括:

D1:上游正常蓄水位,额定水头,额定功率,同一压力主管上2台机组同时甩全负荷,导叶能正常关闭。

D2:上游正常蓄水位,额定水头,额定功率,同一压力主管上2台机组同时甩全负荷,其中一台机组导叶拒动。

D4:上游正常蓄水位时,共用上游调压室的全部2台机组由1台增加至2台,上游调压室水位最高时,全部机组同时丢弃全部负荷。

D6-1:上游正常蓄水位,同一压力主管上的2台机组中1台甩负荷,在上游调压室水位最高时刻,另1台机组相继甩负荷。

D6-2:上游正常蓄水位,同一压力主管上的2台机组中1台甩负荷,在流进上游调压室流量最大时刻,另1台机组相继甩负荷。

D8:上游正常蓄水位,共用上游调压室的全部2台机组由1台增至2台,在流入调压室流量最大时刻,全部机组同时丢弃全部负荷。

计算结果见表3-17。

表3-17 机组调保参数计算结果

工况号	机组号	导叶初始开度(%)	机组初始水头(m)	机组初始流量(m^3/s)	机组初始出力(MW)	蜗壳最大动水压力(m)	尾水管最小压力(m)	转速最大上升率(%)
D1	1	100	292.21	106.27	280.39	378.05 (4.04)	15.91 (9.81)	44.67 (6.56)
	2	100	292.02	106.22	280.07	378.2 (10.02)	16.17 (9.82)	44.73 (6.56)
D2	1	100	292.21	106.27	280.39	359.45 (4.69)	13.29 (2.24)	42.51 (6.55)
	2	100	292.02	106.22	280.07	350.77 (5.73)	12.08 (15.23)	67.63 (33.17)
D4	1	100	303.14	109.13	298.04	389.72 (369.09)	16.47 (368.83)	46.2 (365.72)
	2	14	304.77	17.00	0	389.74 (369.09)	16.28 (368.83)	46.26 (365.72)

续表 3-17

工况号	机组号	导叶初始开度（%）	机组初始水头（m）	机组初始流量（m^3/s）	机组初始出力（MW）	蜗壳最大动水压力（m）	尾水管最小压力（m）	转速最大上升率（%）
D6 - 1	1	100	292.21	106.27	280.39	372.92（154.41）	18.03（2.31）	41.02（6.46）
	2	100	292.02	106.22	280.07	389.63（156.05）	16.44（153.71）	48.16（158.43）
D6 - 2	1	100	292.21	106.27	280.39	371.79（241.21）	17.57（39.49）	41.02（6.46）
	2	100	292.02	106.22	280.07	374.14（24.42）	14.14（24.27）	44.80（20.95）
D8	1	100	303.14	109.13	298.04	375.92（241.55）	16.87（241.23）	42.55（238.20）
	2	14	304.77	17.00	0	375.95（241.55）	16.68（241.24）	42.60（238.20）

注:表中括号内数字表示极值发生时刻,单位为 s。

从以上计算结果可知,除 D2 工况以外,机组最大转速上升率的控制工况是 D6 - 1:上游正常蓄水位,同一压力主管上的 2 台机组中 1 台甩负荷,在上游调压室水位最高时刻,另 1 台机组相继甩负荷。此时机组的最大转速升高率分别为 48.16%,满足控制标准 50%。

对于工况 D2:上游正常蓄水位,额定水头,额定功率,同一压力主管上 2 台机组同时甩全负荷,其中 1 台机组导叶拒动。1#机组导叶正常关闭,2#机组导叶拒动,采用球阀关闭(球阀特性曲线如图 3-8 所示,采用 60 s 直线关闭规律)。当 2#机组甩全负荷时导叶拒动,拒动机组的最大转速上升率为 67.63%,已达到飞逸转速(变化过程如图 3-9、图 3-10 所示,飞逸持续时间约为 40 s)。但该工况不作为机组最大转速上升率的控制工况。

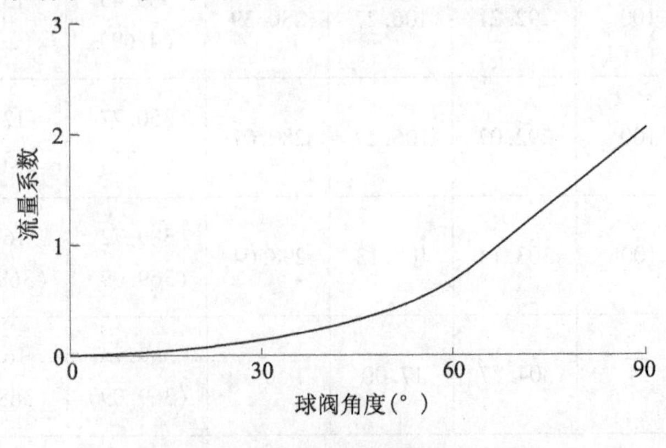

图 3-8　球阀特性曲线

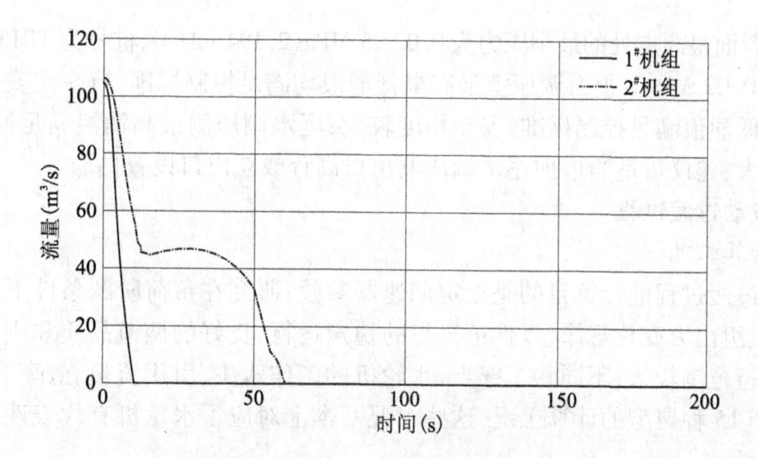

图 3-9 工况 D2 机组流量变化过程

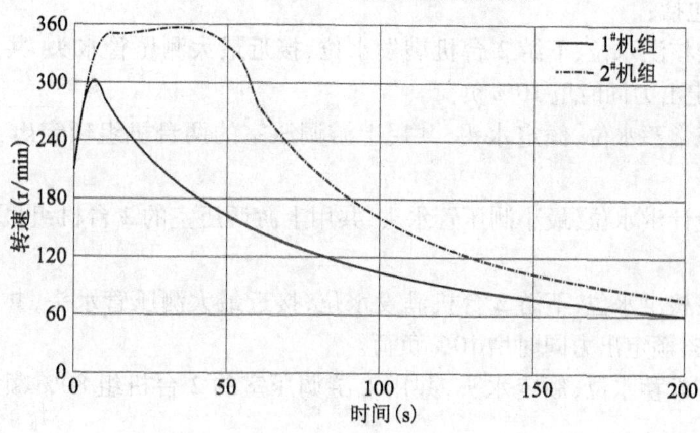

图 3-10 工况 D2 机组转速变化过程

3.1.2.6 大波动计算结论

大波动过渡过程采用 10 s 直线关闭规律，各调保参数计算结果见表 3-18。

表 3-18 调保参数计算结果

调保参数	计算极值	控制标准
蜗壳末端最大压力(mH_2O)	391.66	416.88
尾水管最小压力(mH_2O)	−3.81	−7.20
机组最大转速升高率(%)	48.16	50.00
上游调压室最高涌浪水位(m)	941.84	942.00
上游调压室最低涌浪水位(m)	842.44	841.50
尾水调压洞最高涌浪水位(m)	609.48	610.00
尾水调压洞最低涌浪水位(m)	573.25	566.00

由计算结果可知，采用 10 s 直线关闭规律时，各项机组调保参数均满足控制标准，蜗壳最大动水压力、尾水管最大真空度、机组最大转速升高率均有一定的安全裕度。引水系

统隧洞沿线断面最高点处的最小压力为0.021 5 MPa(2.194 mH_2O,桩号为TB15631.41),满足控制标准0.02 MPa。上游调压室最高最低涌浪均满足控制标准,有一定安全裕度。尾水调压洞最低涌浪满足控制标准,安全裕度较大;尾水调压洞最高涌浪满足控制标准,但安全裕度不大,建议可适当增加尾水调压洞出口高程或在出口设置挡墙。

3.1.3 小波动过渡过程

3.1.3.1 计算工况

小波动过渡过程的计算目的是整定调速器参数;研究在负荷阶跃条件下,机组转速、导叶开度、机组出力变化规律,以保证机组的稳定运行、良好的调节品质和供电质量。由于水轮机运行范围较大,不同的工况点,水轮机的工作水头、引用流量、效率、出力有较大的差别,选择15种典型的计算工况,这些工况基本上对应了水轮机有代表性的工作水头以及引用流量。

计算工况包括:

X1:上游校核洪水位,下游2台机满发水位,接近最大测压管水头,共用上游调压室的两台机组额定出力同时甩10%负荷。

X2:上游正常蓄水位,额定水头,共用上游调压室的两台机组额定出力同时甩10%负荷。

X3:下游设计洪水位,最小测压管水头,共用上游调压室的2台机组最大出力同时甩10%负荷。

X4:上游校核洪水位,下游2台机满发水位,接近最大测压管水头,共用上游调压室的2台机组80%额定出力同时增10%负荷。

X5:上游正常蓄水位,额定水头,共用上游调压室的2台机组80%额定出力同时增10%负荷。

X6下游设计洪水位,最小测压管水头,共用上游调压室的2台机组80%最大出力同时增10%负荷。

X7:上游校核洪水位,下游4台机满发水位,接近最大测压管水头,4台机组额定出力同时甩10%负荷。

X8:上游正常蓄水位,额定水头,4台机组额定出力同时甩10%负荷。

X9:下游设计洪水位,最小测压管水头,4台机组最大出力同时甩10%负荷。

X10:上游校核洪水位,下游4台机满发水位,接近最大测压管水头,4台机组80%额定出力同时增10%负荷。

X11:上游正常蓄水位,额定水头,4台机组80%额定出力同时增10%负荷。

X12:下游设计洪水位,最小测压管水头,4台机组80%最大出力同时增10%负荷。

3.1.3.2 调速器参数整定

调速器参数首先按照斯坦因建议公式取值,即 $T_n=0.5T_w$,$b_p+b_t=1.5T_w/T_a$,$T_d=3T_w$,其中 T_w 取机组所在管线的水流加速时间常数,T_a 为机组加速时间常数。通过计算和调整,调速器参数整定的最终结果为 $T_n=1$,$b_t=0.5$,$T_d=8$ s,电网负荷自调节系数 e_g 取0.0。

3.1.3.3 小波动过渡过程结果及分析

按调速器参数的小波动过渡过程计算结果可知,调速器参数 $T_n=1$,$b_t=0.5$,$T_d=8$ s,

在工况 X1 ~ X12 下，机组转速波动是收敛的，进入 0.2% 带宽所需的调节时间最长为 300.52 s（X9 工况）。

3.1.4 水力干扰过渡过程

科哈拉水电站由于每一单元 2 台机共用 1 个上游调压室，两单元 4 台机共用 1 个尾水调压洞，在机组运行过程中必然存在水力干扰的问题，需要研究 1 台机组负荷变化时对共用同一上游调压室的正常运行机组的影响，或者一单元 2 台机负荷变化对另一单元 2 台机组正常运行的影响，以及相应的上游调压室和尾水调压洞水位波动特征。

在水力干扰过渡过程的计算中考虑了两种情况：

(1)机组联入无穷大的电网条件下，机组的频率保持不变，系统中负荷的波动由电网承担，数值计算的目的是研究正常运行机组在受扰动情况下的出力变化对电网的冲击影响。

(2)机组联入有限电网，在电网中担负调频的任务，其能力将影响电网的供电质量，数值计算的目的就是研究运行机组在受扰动情况下的调节品质。

但是，联合供水单元内机组的水力干扰问题要比小波动问题剧烈得多，因此不能要求调频调峰机组的调节品质达到和小波动一样的良好品质，而只能以波动是否衰减为判断条件，以保证事故不进一步扩大。

3.1.4.1 计算工况

GR1：接近最大测压管水头，上游校核洪水位，下游 2 台机组满发水位，一单元的 1 台机组额定出力运行，另 1 台机组甩全负荷，另一单元 2 台机停机。

GR2：额定水头，下游 2 台机组满发水位，一单元的 1 台机组额定出力运行，另 1 台机组甩全负荷，另一单元 2 台机停机。

GR3：最小测压管水头，下游设计洪水位，一单元的 1 台机组额定出力运行，另 1 台机组甩全负荷，另一单元 2 台机停机。

GR4：接近最大测压管水头，上游校核洪水位，下游 2 台机组满发水位，一单元的 1 台机组额定出力运行，另 1 台机组增全负荷，另一单元 2 台机停机。

GR5：额定水头，下游 2 台机组满发水位，一单元的 1 台机组额定出力运行，另 1 台机组增全负荷，另一单元 2 台机停机。

GR6：最小测压管水头，下游设计洪水位，一单元的 1 台机组额定出力运行，另 1 台机组增全负荷，另一单元 2 台机停机。

GR7：接近最大测压管水头，上游校核洪水位，下游 4 台机组满发水位，一单元的 1 台机组额定出力运行，另 1 台机组甩全负荷，另一单元 2 台机正常运行。

GR8：额定水头，下游 4 台机组满发水位，一单元的 1 台机组额定出力运行，另 1 台机组甩全负荷，另一单元 2 台机正常运行。

GR9：最小测压管水头，下游设计洪水位，一单元的 1 台机组额定出力运行，另 1 台机组甩全负荷，另一单元 2 台机正常运行。

GR10：接近最大测压管水头，上游校核洪水位，下游 4 台机组满发水位，一单元的 1 台机组额定出力运行，另 1 台机组增全负荷，另一单元 2 台机正常运行。

GR11：额定水头，下游 4 台机组满发水位，一单元的 1 台机组额定出力运行，另 1 台机组增全负荷，另一单元 2 台机正常运行。

GR12:最小测压管水头,下游设计洪水位,一单元的1台机组额定出力运行,另1台机组增全负荷,另一单元2台机正常运行。

GR13:接近最大测压管水头,上游校核洪水位,下游4台机组满发水位,一单元的2台机组甩全负荷,另一单元2台机正常运行。

GR14:额定水头,下游4台机组满发水位,一单元的2台机组甩全负荷,另一单元2台机正常运行。

GR15:最小测压管水头,下游设计洪水位,一单元的2台机组甩全负荷,另一单元2台机正常运行。

3.1.4.2 水力干扰计算结果

(1)调速器不参与调节条件下的水力干扰过渡过程

机组联入无穷大的电网条件下,机组的频率保持不变,系统中负荷的波动由电网承担,数值计算的目的是研究正常运行机组在受扰动情况下的出力变化对电网的冲击影响,其计算结果见表3-19。

表3-19 开度调节机组出力计算结果

工况	机组号	导叶初始开度(%)	机组初始水头(m)	机组初始流量(m^3/s)	机组初始出力(MW)	最大出力(MW)	向上最大偏差(%)	最小出力(MW)	向下最大偏差(%)
GR1	1	91	305.45	101.73	280.27	332.32 (138.63)	18.57	270.33 (407.95)	3.55
GR2	1	100	292.20	106.27	280.36	341.3 (138.63)	21.74	271.64 (396.36)	3.11
GR3	1	100	279.57	102.87	260.08	325.35 (137.11)	25.10	252.16 (372.39)	3.05
GR4	1	91	318.05	104.66	299.47	300.75 (0.17)	0.43	245.88 (146.32)	17.89
GR5	1	100	306.02	109.88	302.71	303.25 (0.17)	0.18	243.6 (149.12)	19.53
GR6	1	100	289.18	105.47	275.51	275.98 (0.17)	0.17	218.84 (149.05)	20.57
GR7	1	93	302.94	102.65	280.53	333.45 (141.25)	18.86	272.36 (412.69)	2.91
	3	93	302.85	102.62	280.38	284.59 (32.18)	1.50	278.38 (0.01)	0.71
	4	93	303.11	102.69	280.78	284.41 (34.01)	1.29	278.78 (0.01)	0.71

续表 3-19

工况	机组号	导叶初始开度（%）	机组初始水头（m）	机组初始流量（m^3/s）	机组初始出力（MW）	最大出力（MW）	向上最大偏差（%）	最小出力（MW）	向下最大偏差（%）
GR8	1	100	292.17	106.26	280.32	340.85 (140.59)	21.59	273.36 (394.92)	2.48
	3	100	292.07	106.23	280.15	284.72 (33.11)	1.63	278.27 (0.01)	0.67
	4	100	292.35	106.31	280.6	284.52 (34.46)	1.40	278.72 (0.01)	0.67
GR9	1	100	279.32	102.80	259.68	323.02 (138.87)	24.39	252.20 (368.38)	2.88
	3	100	279.22	102.77	259.52	263.88 (33.11)	1.68	257.76 (0.01)	0.68
	4	100	279.48	102.85	259.94	263.69 (34.01)	1.44	258.18 (0.01)	0.68
GR10	1	93	316.03	105.78	300.74	301.87 (0.35)	0.38	246.37 (145.6)	18.08
	3	93	303.56	102.80	281.48	283.60 (1.02)	0.75	279.12 (55.1)	0.84
	4	93	303.69	102.83	281.69	283.59 (1.02)	0.67	279.23 (55.25)	0.87
GR11	1	100	306.27	109.94	303.11	303.62 (0.35)	0.17	244.28 (147.58)	19.41
	3	100	292.83	106.43	281.37	283.77 (1.02)	0.85	279.04 (56.18)	0.83
	4	100	292.97	106.47	281.61	283.76 (1.02)	0.76	279.15 (54.48)	0.87
GR12	1	100	292.52	106.35	280.88	281.57 (0.35)	0.25	224.87 (147.58)	19.94
	3	100	279.93	102.97	260.66	262.81 (1.02)	0.82	258.44 (57.42)	0.85
	4	100	280.07	103.01	260.88	262.79 (1.02)	0.73	258.55 (57.57)	0.89

续表 3-19

工况	机组号	导叶初始开度(%)	机组初始水头(m)	机组初始流量(m^3/s)	机组初始出力(MW)	最大出力(MW)	向上最大偏差(%)	最小出力(MW)	向下最大偏差(%)
GR13	3	93	302.85	102.62	280.38	288.6 (32.43)	2.93	277.58 (84.95)	1.00
	4	93	303.11	102.69	280.78	288.21 (31.49)	2.65	277.84 (85.16)	1.05
GR14	3	100	292.07	106.23	280.15	289.04 (33.11)	3.17	277.33 (85.55)	1.01
	4	100	292.35	106.31	280.60	288.63 (32.13)	2.86	277.61 (85.85)	1.07
GR15	3	100	279.22	102.77	259.52	268.06 (33.11)	3.29	256.63 (85.64)	1.11
	4	100	279.48	102.85	259.94	267.65 (32.18)	2.97	256.9 (85.85)	1.17

注:表中括号内数字表示极值发生时刻,单位为 s。

(2)调速器参与调节条件下的水力干扰过渡过程

水力干扰过渡过程数值计算中,调速器参数仍选用小波动过渡过程整定参数:$T_d=8s$,$b_p=0.0$,$b_t=0.5$,$T_n=1$,各个工况下水力干扰过渡过程计算结果见表 3-20。

表 3-20 频率调节机组出力计算结果

工况	机组号	导叶初始开度(%)	机组初始水头(m)	机组初始流量(m^3/s)	机组初始出力(MW)	最大出力(MW)	向上最大偏差(%)	最小出力(MW)	向下最大偏差(%)
GR1	1	54.60	305.45	101.73	280.27	301.37 (1.15)	7.53	275.11 (12.14)	1.84
GR2	1	59.80	292.20	106.27	280.36	300.99 (1.37)	7.36	279.53 (299.37)	0.30
GR3	1	59.80	279.57	102.87	260.08	279.4 (1.37)	7.43	259.09 (251.29)	0.38
GR4	1	54.60	318.05	104.66	299.47	300.46 (172.26)	0.33	294.74 (1.25)	1.58
GR5	1	59.80	306.02	109.88	302.71	305.29 (208.77)	0.85	298.05 (1.25)	1.54

续表 3-20

工况	机组号	导叶初始开度（%）	机组初始水头（m）	机组初始流量（m^3/s）	机组初始出力（MW）	最大出力（MW）	向上最大偏差（%）	最小出力（MW）	向下最大偏差（%）
GR6	1	59.80	289.18	105.47	275.51	278.12 (212.03)	0.95	271.04 (1.21)	1.62
GR7	1	55.60	302.94	102.65	280.53	301.19 (1.18)	7.36	279.73 (321.04)	0.29
	3	55.60	302.85	102.62	280.38	283.21 (1.04)	1.01	278.48 (0.05)	0.68
	4	55.60	303.11	102.69	280.78	283.31 (1.04)	0.90	278.86 (0.05)	0.68
GR8	1	59.80	292.17	106.26	280.32	300.86 (1.37)	7.33	279.38 (299.9)	0.34
	3	59.80	292.07	106.23	280.15	283.17 (1.04)	1.08	278.15 (0.05)	0.71
	4	59.80	292.35	106.31	280.6	283.26 (1.04)	0.95	278.56 (0.05)	0.73
GR9	1	59.80	279.32	102.80	259.68	278.9 (1.37)	7.40	258.55 (261.18)	0.44
	3	59.80	279.22	102.77	259.52	262.26 (1.04)	1.06	257.72 (0.05)	0.69
	4	59.80	279.48	102.85	259.94	262.33 (1.04)	0.92	258.11 (0.05)	0.70
GR10	1	55.60	316.03	105.78	300.74	301.6 (173.12)	0.29	296.14 (1.25)	1.53
	3	55.60	303.56	102.80	281.48	283.96 (1.04)	0.88	279.56 (0.05)	0.68
	4	55.60	303.69	102.83	281.69	283.97 (1.04)	0.81	279.76 (0.05)	0.69
GR11	1	59.80	306.27	109.94	303.11	305.73 (211.19)	0.86	298.62 (1.25)	1.48
	3	59.80	292.83	106.43	281.37	284.05 (1.04)	0.95	279.01 (15.08)	0.84
	4	59.80	292.97	106.47	281.61	284.03 (1.04)	0.86	279.2 (15.08)	0.86

续表 3-20

工况	机组号	导叶初始开度(%)	机组初始水头(m)	机组初始流量(m^3/s)	机组初始出力(MW)	最大出力(MW)	向上最大偏差(%)	最小出力(MW)	向下最大偏差(%)
GR12	1	59.80	292.52	106.35	280.88	283.55 (211.28)	0.95	276.27 (1.29)	1.64
	3	59.80	279.93	102.97	260.66	263.08 (1.04)	0.93	258.83 (0.05)	0.70
	4	59.80	280.07	103.01	260.88	263.07 (1.04)	0.84	259.04 (0.05)	0.71
GR13	3	55.60	302.85	102.62	280.38	283.16 (1.04)	0.99	278.48 (0.05)	0.68
	4	55.60	303.11	102.69	280.78	283.24 (1.04)	0.88	278.86 (0.05)	0.68
GR14	3	59.80	292.07	106.23	280.15	283.11 (1.04)	1.06	277.95 (44.14)	0.79
	4	59.80	292.35	106.31	280.6	283.19 (1.04)	0.92	278.44 (44.14)	0.77
GR15	3	59.80	279.22	102.77	259.52	262.2 (1.04)	1.03	257.72 (0.05)	0.69
	4	59.80	279.48	102.85	259.94	262.26 (1.04)	0.89	258.11 (0.05)	0.70

注:表中括号内数字表示极值发生时刻,单位为 s。

3.1.5 增负荷时间与上游调压室下室长度(截面积)敏感性分析

所有过渡过程计算中,上游调压室下室采用断面为 7.5 m×7.5 m 城门洞型,长度为 145 m,下室长度较长。而由大波动过渡过程计算结果分析可知,上游调压室最低涌浪与上游调压室下室长度(截面积)密切相关。在上游调压室最低涌浪计算工况中,根据相关计算结果可知,有效增负荷时间延长能提高上游调压室的最低涌浪,进而可相应减小下室长度。因此,增负荷时间取为 60、90、120、150 s,在保证上游调压室最低涌浪有安全裕度前提下,分别计算每个增负荷时间条件下,上游调压室下室的长度(截面积),计算结果见表 3-21(选取了上游调压室最低涌浪的危险工况 D11、D12、D14、D15 为典型工况)。

表 3-21 增负荷时间与上游调压室下室长度(截面积)敏感性分析计算结果

增负荷时间(s)	上游调压室下室最大长度(m)	上游调压室下室最大截面积(m^2)	工况	上游调压室最低涌浪(m)
60	145	1 241.44	D11	846.62
			D12	846.07
			D14	842.44
			D15	845.25
90	135	1 166.44	D11	846.67
			D12	847.26
			D14	842.55
			D15	845.41
120	115	1 016.44	D11	846.31
			D12	847.96
			D14	842.48
			D15	845.57
150	95	866.44	D11	846.02
			D12	849.16
			D14	842.54
			D15	845.93

由计算结果可知,在保证上游调压室最低涌浪有安全裕度前提下,增负荷时间延长可以有效减少上游调压室下室长度。

3.2 齐热哈塔尔水电站过渡过程计算

3.2.1 引水发电系统参数

3.2.1.1 计算简图及管道参数

根据齐热哈塔尔水电站枢纽布置设计图,对整个引水发电系统进行过渡过程数值计算与分析。管道主要是根据衬砌型式的不同而划分为不同的管道,其计算简图如图 3-11 所示。

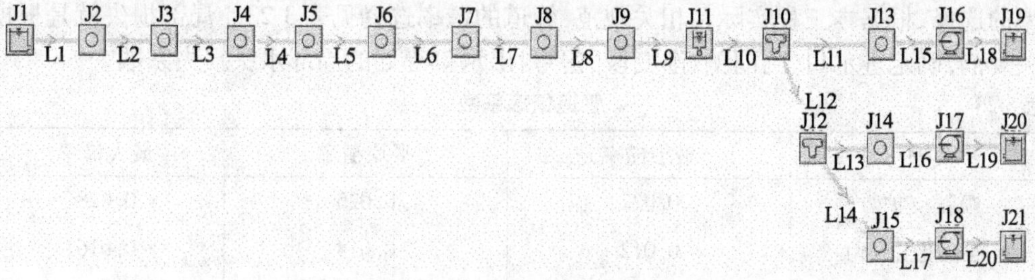

J1 L1 J2 L2 J3 L3 J4 L4 J5 L5 J6 L6 J7 L7 J8 L8 J9 L9 J11 L10 J10 L11 J13 L15 J16 L18 J19
L12 J12 L13 J14 L16 J17 L19 J20
L14 J15 L17 J18 L20 J21

图 3-11 管道参数计算简图

在管道参数的计算中，所有的管道均根据复杂管道的水击计算理论转化为当量管道，管道波速主要根据工程经验选择确定，对过渡过程计算结果影响不大。具体的管道参数见表3-22。

表3-22　对应计算简图的管道系统参数

管号	长度 L(m)	直径 (m)	波速 (m/s)	水头损失系数			说明
				糙率	局部	岔管	
1	46.322	7.866	900	0.014	0.975	0.0	进水口至渐变段
2	2 040	4.7	1 000	0.014	0.071 8	0.0	钢筋混凝土衬砌段
3	1 100	5.712 5	1 000	0.025	0.0	0.0	喷锚平整衬砌段
4	300	4.7	1 000	0.014	0.0	0.0	钢筋混凝土衬砌段
5	1 600	6.206 1	1 000	0.025	0.0	0.0	喷锚平整衬砌段
6	1 900	4.7	1 000	0.014	0.103 3	0.0	钢筋混凝土衬砌段
7	950	6.206 1	1 000	0.025	0.0	0.0	喷锚平整衬砌段
8	950	5.712 5	1 000	0.025	0.0	0.0	喷锚平整衬砌段
9	6 839.86	4.7	1 000	0.014	0.189 2	0.0	钢筋混凝土衬砌段
10	835.161	4.496 8	1 200	0.012	0.312 2	0.0	调压室中心线至1#岔管
11	59.951	1.888 1	1 200	0.012	0.109 3	0.7	1#支管
12	17.667	2.745 9	1 200	0.012	0	0.3	1#岔管至2#岔管
13	51.118	1.881 9	1 200	0.012	0.109 3	0.7	2#支管
14	59.306	1.887 7	1 200	0.012	0.109 3	0.7	3#支管
15～17	9.956 6	1.6	1 250	0.001	0.0	0.0	水轮机蜗壳
18～20	14.411	2.468	900	0.001	0.1	0.0	水轮机尾水管

3.2.1.2　恒定流计算

在进行过渡过程计算之前，进行恒定流计算，包括引水发电系统水头损失、机组工作范围和工作点等。

3.2.1.3　水头损失计算

引水发电系统的水头损失包括沿程损失和局部损失，沿程损失计算的关键就是管道糙率的选择，根据本工程实际和相关规范，管道的糙率选择见表3-23。局部损失就是根据相关规范，确定进水口、闸门槽、渐变段、岔管、出水口等处的局部水头损失系数。

表3-23　管道糙率系数

类型	最小糙率	平均糙率	最大糙率
喷锚支护	0.022	0.025	0.028
钢筋混凝土衬砌	0.012	0.014	0.016
压力钢管	0.011	0.012	0.013

沿程水头损失 $h_y=\alpha_y Q^2=\frac{n^2L}{R^{4/3}A^2}Q^2$，其中：$A$、$Q$、$n$、$L$、$R$ 分别为管道断面面积、流量、管道糙率、长度、水力半径，均采用国际单位制，下同。

局部水头损失 $h_j=\alpha_j Q^2=\frac{\zeta}{2gA^2}Q^2$，$\zeta$ 为依据规范查得局部损失系数。

总水头损失 $h=h_j+h_y$，管道中的流量为设计最大流量，所有参数的选择见表3-22。

3.2.1.4　两个参数的计算

管道水流加速时间：

$$T_w=\sum L_iV_i/gH_0 \tag{3-3}$$

机组加速时间：

$$T_a=GD^2\cdot n_0/375M_0=GD^2\cdot n_0^2/365P_0 \tag{3-4}$$

式中　L_i——管线上各管道长度，m；

V_i——引水管道中的最大流速，m/s；

g——重力加速度，9.81 m/s²；

H_0——电站额定水头，311.49 m；

GD^2——机组飞轮力矩，950 t·m²；

n_0——机组额定转速，428.6 r/min；

M_0——机组额定力矩；

P_0——机组额定出力。

计算结果见表3-24（单条管线计算结果）。

表3-24　T_w 和 T_a 参数计算结果（平均糙率）

管道长度(m)（上游至调压室/调压室至机组）	总水头损失(m)（上游至调压室/调压室至机组）	T_w 值(s)（隧洞/压力管道）	T_a 值(s)	T_w/T_a
15 726.182/922.091	51.524 3/5.565 9	20.314 2/1.587 6	6.659	0.238 4

3.2.1.5　调压室稳定断面校核

阻抗式调压室稳定断面面积按如下公式计算：

$$F_{th}=\frac{Lf}{2g(\alpha+1/2g)(H_0-h_{w0}-3h_{wm})} \tag{3-5}$$

式中各参数和计算结果见表3-25。

表3-25　阻抗式调压室托马断面计算

参数	L(m)	f(m²)	α(s²/m)	H_{min}(m)	h_{w0}(m)	h_{wm}(m)	F_{th}(m²)
数值	15 726.18	20.61	2.315	310.7	36.07	4.81	23.19

注：$H_{min}=H_0-h_{w0}-3h_{wm}$。

计算中引水隧洞和压力管道均取最小糙率，得到上游调压室的托马稳定断面 F_{th} = 23.193 m²。而调压室设计净面积为 F = 63.617 m²，是临界托马稳定断面面积的2.743倍，另外 T_w/T_a = 0.238 4 < 0.3，说明该系统是稳定的，并且具有较好的调节品质。

3.2.2 大波动过渡过程

3.2.2.1 计算工况

由于在项目研究的不同阶段，收集的机组验收前后的水轮机模型特性曲线不一致，并且调压室采用了比较复核方案作为分析论证的依据，根据情况，将2个计算阶段的计算结果编辑整理。

调压室分别有最终设计方案以及比较复核方案，也据此将2个计算阶段分别称为最终设计方案和比较复核方案。两方案中，除调压室扣除闸门墩后净面积分别为63.617 m²和50.265 m²外，所采用的水轮机模型特性曲线分别为机组验收后和验收前的资料。在此特别说明，后文中的最终设计方案和比较复核方案均指此，不再赘述。

比较复核方案的计算采用的计算工况如下，各工况的初始条件见表3-26。

表3-26 大波动工况初始条件(比较复核方案)

工况	上游水位(m)	下游水位(m)	机组	开度	净水头(m)	流量(m³/s)	出力(MW)
D1	2 743.00	2 368.90	1#	0.76	311.428 7	25.766 9	71.72
			2#	0.76	311.416 2	25.766	71.72
			3#	0.76	312.407 1	25.831 2	72.13
D2	2 742.80	2 369.99	1#	0.76	310.451 9	25.702 6	71.31
			2#	0.76	310.439 4	25.701 7	71.31
			3#	0.76	311.425 4	25.766 6	71.72
D3	2 743.00	2 369.40	1#	0.61	346.004 1	23.001 6	71.49
			2#	0.61	346.172 5	23.011 1	71.56
			3#	0.127	347.752 3	5.219 1	0
D4	2 743.00	2 369.40	1#	0.76	311.428 7	25.766 9	71.72
			2#	0.76	311.416 2	25.766	71.72
			3#	0.76	312.407 1	25.831 2	72.13
D5	2 739.00	2 368.90	1#	0.127	367.623 2	5.464 8	0
			2#	0.127	367.622 7	5.464 8	0
			3#	0.127	367.662 2	5.465 3	0
D6	2 742.80	2 369.99	1#	0.127	370.304 4	5.496 4	0
			2#	0.127	370.304	5.496 4	0
			3#	0.127	370.343 8	5.496 9	0

续表 3-26

工况	上游水位（m）	下游水位（m）	机组	开度	净水头（m）	流量（m^3/s）	出力（MW）
D7	2 742.20	2 368.33	1#	0.76	311.254 6	25.755 4	71.65
			2#	0.76	311.242 0	25.754 6	71.64
			3#	0.76	312.232 1	25.819 7	72.06
D8	2 743.00	2 368.33	1#	0.75	312.984 0	25.565 0	71.54
			2#	0.75	312.971 7	25.564 2	71.53
			3#	0.75	313.947 1	25.627 7	71.94
D9	2 743.00	2 368.10	1#	0.62	360.925 8	24.213 4	78.59
			2#	0.127	362.750 3	5.407 0	0
			3#	0.127	362.793 2	5.407 5	0
D10	2 743.00	2 368.90	1#	0.7	339.781 7	25.694 8	78.37
			2#	0.7	339.996 8	25.707 9	78.46
			3#	0.127	341.979 4	5.145 4	0
D11	2 743.00	2 368.90	1#	0.76	311.428 7	25.766 9	71.72
			2#	0.76	311.416 2	25.766 0	71.72
			3#	0.76	312.407 1	25.831 2	72.13
D12	2 743.00	2 368.90	1#	0.127	371.580 7	5.511 5	0
			2#	0.127	371.580 2	5.511 4	0
			3#	0.127	371.620 3	5.511 9	0
D13	2 743.00	2 368.90	1#	0.76	311.428 7	25.766 9	71.72
			2#	0.76	311.416 2	25.766 0	71.72
			3#	0.76	312.407 1	25.831 2	72.13
D14	2 743.00	2 368.90	1#	0.127	371.580 7	5.511 5	0
			2#	0.127	371.580 2	5.511 4	0
			3#	0.127	371.620 3	5.511 9	0

工况 D1：上游正常蓄水位 2 743.00 m，3 台机组在额定水头额定出力运行时同时甩全负荷；

工况 D2：下游校核尾水位 2 369.99 m，3 台机组在最小水头满出力运行时同时甩全负荷；

工况 D3：上游正常蓄水位 2 743.00 m，2 台机组正常运行时，第 3 台机启动并突增全负荷，在流入调压室流量最大时 3 台机组同时甩全负荷；

工况 D4:上游正常蓄水位 2 743.00 m,3 台机组同时甩全负荷,在流出调压室流量最大时 1 台机组增负荷;

工况 D5:上游死水位 2 739.00 m,3 台机组同时突增全负荷;

工况 D6:下游校核尾水位 2 369.99 m,机组突增全负荷;

工况 D7:下游正常尾水位 2 368.33 m,机组在额定水头事故甩全负荷;

工况 D8:上游正常蓄水位 2 743.00 m,下游正常尾水位 2 368.33 m,机组事故甩全负荷;

工况 D9:上游正常蓄水位 2 743.00 m,1 台机超发 10% 出力,另 2 台空载时,超出力机组突甩全负荷;

工况 D10:上游正常蓄水位 2 743.00 m,2 台机超发 10% 出力,另 1 台空载时,超出力机组突甩全负荷;

工况 D11:上游正常蓄水位 2 743.00 m,3 台机额定工况运行,先甩 2 台机,1 台机正常运行,在调压室涌浪最高时刻,再甩 1 台机;

工况 D12:上游正常蓄水位 2 743.00 m,3 台机均空载,先 2 台机增负荷,1 台空载,在调压室涌浪最低时刻,再 1 台机增负荷;

工况 D13:上游正常蓄水位 2 743.00 m,3 台机额定工况运行,先甩 2 台机,1 台机正常运行,在调压室流入流量最大时刻,再甩 1 台机;

工况 D14:上游正常蓄水位 2 743.00 m,3 台机均空载,先 2 台机增负荷,1 台空载,在调压室流出流量最大时刻,另 1 台机增负荷。

最终设计方案的计算采用的计算工况如下,各工况的初始条件见表 3-27。

表 3-27 **大波动工况初始条件(最终设计方案)**

工况	上游水位(m)	下游水位(m)	机组	开度	净水头(m)	流量(m^3/s)	出力(MW)
D1	2 743	2 368	1#	0.87	313.540 8	25.928 7	72.40
			2#	0.87	311.283 1	25.775 2	71.45
			3#	0.87	312.577 3	25.863 2	72.00
D2	2 742	2 369.99	1#	0.87	311.276 9	25.774 7	71.44
			2#	0.87	309.045 8	25.622 4	70.50
			3#	0.87	310.324 7	25.709 8	71.04
D3	2 743	2 368	1#	0.68	351.535 2	22.469 4	71.94
			2#	0.68	351.227 3	22.453 4	71.83
			3#	0.05	353.335 7	2.122 8	0.10
D4	2 743	2 368	1#	0.87	313.540 8	25.928 7	72.40
			2#	0.87	311.283 1	25.775 2	71.45
			3#	0.87	312.577 3	25.863 2	72.00

续表 3-27

工况	上游水位(m)	下游水位(m)	机组	开度	净水头(m)	流量(m^3/s)	出力(MW)
D5	2 739	2 368	1#	0.05	370.774 8	2.210 3	0.63
			2#	0.05	370.766 4	2.210 2	0.63
			3#	0.05	370.771 2	2.210 3	0.63
D6	2 743	2 369.99	1#	0.05	372.782 7	2.220 4	0.69
			2#	0.05	372.774 3	2.220 4	0.69
			3#	0.05	372.779 1	2.220 4	0.69
D7	2 741	2 368.33	1#	0.87	311.776 7	25.808 8	71.66
			2#	0.87	309.539 7	25.656 2	70.71
			3#	0.87	310.822 0	25.743 7	71.25
D8	2 743	2 368.33	1#	0.85	315.202 3	25.505 5	71.81
			2#	0.85	313.016 2	25.360 8	70.90
			3#	0.85	314.269 2	25.443 8	71.42
D9	2 743	2 368	1#	0.05	367.352 5	2.192 9	0.53
			2#	0.05	366.662 9	2.189 4	0.51
			3#	0.70	364.887 5	23.897 3	79.25
D10	2 743	2 368	1#	0.05	347.100 1	2.091 8	-0.09
			2#	0.80	342.023 5	25.689 7	79.07
			3#	0.80	343.304 4	25.762 3	79.58
D11	2 743	2 368	1#	0.87	313.540 8	25.928 7	72.40
			2#	0.87	311.283 1	25.775 2	71.45
			3#	0.87	312.577 3	25.863 2	72.00
D12	2 743	2 368	1#	0.05	374.770 7	2.230 5	0.75
			2#	0.05	374.762 1	2.230 4	0.75
			3#	0.05	374.767 0	2.230 4	0.75
D13	2 743	2 368	1#	0.87	313.540 8	25.928 7	72.40
			2#	0.87	311.283 1	25.775 2	71.45
			3#	0.87	312.577 3	25.863 2	72.00
D14	2 743	2 368	1#	0.05	374.770 7	2.230 5	0.75
			2#	0.05	374.762 1	2.230 4	0.75
			3#	0.05	374.767 0	2.230 4	0.75

工况 D1:上游正常蓄水位 2 743.00 m,3 台机组在额定水头额定出力运行时同时甩全负荷;

工况 D2:下游校核尾水位 2 369.99m,3 台机组在最小水头满出力运行时同时甩全负荷;

工况 D3:上游正常蓄水位 2 743.00m,2 台机组正常运行时,第 3 台机由空载突增全负荷,在流入调压室流量最大时 3 台机组同时甩全负荷;

工况 D4:上游正常蓄水位 2 743.00 m,3 台机组同时甩全负荷,在流出调压室流量最大时 1 台机组增负荷;

工况 D5:上游死水位 2 739.00 m,3 台机组同时由空载突增全负荷;

工况 D6:下游校核尾水位 2 369.99 m,机组由空载突增全负荷;

工况 D7:下游正常尾水位 2 368.33 m,机组在额定水头突甩全负荷;

工况 D8:上游正常蓄水位 2 743.00 m,下游正常尾水位 2 368.33 m,机组突甩全负荷;

工况 D9:上游正常蓄水位 2 743.00 m,1 台机超发 10% 出力,另 2 台空载时,超出力机组突甩全负荷;

工况 D10:上游正常蓄水位 2 743.00 m,2 台机超发 10% 出力,另 1 台空载时,超出力机组突甩全负荷;

工况 D11:上游正常蓄水位 2 743.00 m,3 台机额定工况运行,先甩 2 台机,1 台机正常运行,在调压室涌浪最高时刻,再甩 1 台机;

工况 D12:上游正常蓄水位 2 743.00 m,3 台机均空载,先 2 台机增负荷,1 台空载,在调压室涌浪最低时刻,再 1 台机增负荷;

工况 D13:上游正常蓄水位 2 743.00 m,3 台机额定工况运行,先甩 2 台机,1 台机正常运行,在调压室流入流量最大时刻,再甩 1 台机;

工况 D14:上游正常蓄水位 2 743.00 m,3 台机均空载,先 2 台机增负荷,1 台空载,在调压室流出流量最大时刻,再 1 台机增负荷。

3.2.2.2 导叶关闭规律的选择

工况 D1 是机组转速上升和蜗壳末端动水压力的可能控制工况。

以工况 D1 作为依托工况,对机组的导叶关闭规律进行分析,选择合适的导叶关闭规律。通常选择直线关闭规律,导叶有效关闭时间指的是导叶从 100% 开度匀速关闭到 0% 所需要的时间。

比较复核方案:调压室竖井为直径 10 m 的圆形断面,扣除闸门墩所占面积,调压室竖井净面积 50.265 m^2(当量直径 8 m),阻抗孔面积 8.042 m^2(当量直径 3.2 m)。底部高程 2 657.40 m,顶部平台高程为 2 795.00 m,竖井高 137.6 m。调压室上室长 150 m,断面尺寸 8 m×(8.5~10) m(宽×高,城门洞型),进口底板高程 2 747.50 m。下室长 65.0 m,直径 8.0 m,进口底板高程 2 661.00 m。水轮机模型特性曲线采用最终验收前的初始曲线。

最终设计方案:调压室竖井为直径 10 m 的圆形断面,扣除闸门墩所占面积,调压室竖井净面积 63.617 m^2(当量直径 9 m),阻抗孔面积 8.042 m^2(当量直径 3.2 m)。底部高程 2 657.40 m,顶部平台高程为 2 795.00 m,竖井高 137.6 m。调压室上室长 150 m,断面尺寸 8 m×(8.5~10) m(宽×高,城门洞型),进口底板高程 2 747.50 m。下室长 65.0 m,直径 8.0 m,进口底板高程 2 661.00 m。水轮机模型特性曲线采用最终验收后的曲线。

针对两种方案的机组调保参数计算结果见表3-28和表3-29，调压室涌浪计算结果见表3-30和表3-31。

表3-28　　机组导叶有效关闭时间的选择（工况D1，比较复核方案）

序号	有效关闭时间（s）	机组	蜗壳末端最大动水压力（m）	极值发生时间（s）	尾水管最小压力（m）	极值发生时间（s）	机组最大转速上升（%）	极值发生时间（s）
1	8	1#	469.35	2.84	2.74	0.24	37.69	3.60
		2#	469.50	2.76	2.87	0.24	37.72	3.60
		3#	469.61	2.92	3.10	0.24	37.76	3.60
2	9	1#	454.25	2.84	2.85	0.24	39.39	3.92
		2#	454.44	2.88	2.98	0.24	39.42	3.92
		3#	454.60	2.92	3.20	0.24	39.45	3.88
3	10	1#	443.47	2.80	2.93	0.24	40.91	4.20
		2#	443.78	2.76	3.06	0.24	40.94	4.20
		3#	443.94	2.72	3.29	0.24	40.97	4.20
4	11	1#	435.33	2.84	3.00	0.24	42.31	4.48
		2#	435.58	2.72	3.13	0.24	42.33	4.48
		3#	435.83	2.92	3.36	0.24	42.37	4.44
5	12	1#	429.60	3.12	3.06	0.24	43.60	4.72
		2#	429.94	3.08	3.19	0.24	43.63	4.76
		3#	430.66	3.08	3.42	0.24	43.66	4.72
6	13	1#	425.93	3.48	3.11	0.24	44.82	5.00
		2#	426.03	3.52	3.24	0.24	44.84	5.00
		3#	426.59	3.08	3.47	0.24	44.88	5.00
7	14	1#	423.45	4.32	3.15	0.24	45.93	5.24
		2#	423.55	4.32	3.28	0.24	45.95	5.24
		3#	423.76	4.40	3.51	0.24	45.99	5.24
8	15	1#	421.94	4.44	3.18	0.24	46.95	5.52
		2#	422.11	4.36	3.32	0.24	46.98	5.52
		3#	422.47	4.40	3.55	0.24	47.01	5.52
9	16	1#	420.24	4.32	3.21	0.24	47.88	5.72
		2#	420.40	4.32	3.35	0.24	47.90	5.72
		3#	420.60	4.40	3.58	0.24	47.93	5.72

表 3-29 机组导叶有效关闭时间的选择(工况 D1,最终设计方案)

序号	有效关闭时间(s)	机组	蜗壳末端最大动水压力(m)	极值发生时间(s)	尾水管最小压力(m)	极值发生时间(s)	机组最大转速上升(%)	极值发生时间(s)
1	6	1#	465.45	2.72	2.76	0.24	41.82	4.40
		2#	467.65	2.72	2.87	0.24	42.02	4.40
		3#	469.56	2.72	2.95	0.24	42.22	4.40
2	7	1#	447.77	2.84	2.90	0.24	43.53	4.88
		2#	449.66	2.88	3.00	0.24	43.74	4.88
		3#	451.28	2.88	3.08	0.24	43.94	4.88
3	8	1#	435.40	3.12	3.00	0.24	44.79	5.28
		2#	437.06	3.12	3.10	0.24	44.99	5.28
		3#	438.33	2.92	3.13	0.04	45.18	5.28
4	9	1#	427.67	3.16	3.08	0.24	46.57	5.64
		2#	429.17	3.16	3.18	0.24	46.76	5.64
		3#	430.32	3.16	3.13	0.04	46.93	5.64
5	10	1#	421.13	3.16	3.09	0.04	48.00	6.00
		2#	422.54	3.16	3.18	0.04	48.19	6.00
		3#	423.59	3.16	3.13	0.04	48.36	6.00
6	11	1#	415.72	3.16	3.09	0.04	48.76	6.36
		2#	417.05	3.16	3.18	0.04	48.94	6.36
		3#	418.03	3.16	3.13	0.04	49.10	6.36
7	12	1#	411.21	3.16	3.09	0.04	49.35	6.76
		2#	412.49	3.16	3.18	0.04	49.52	6.76
		3#	413.39	3.16	3.13	0.04	49.68	6.72
8	13	1#	407.45	3.16	3.09	0.04	49.82	7.12
		2#	408.71	3.16	3.18	0.04	49.98	7.12
		3#	409.59	3.16	3.13	0.04	50.13	7.12
9	14	1#	403.81	3.16	3.09	0.04	50.17	7.52
		2#	405.02	3.16	3.18	0.04	50.32	7.52
		3#	405.91	3.20	3.13	0.04	50.47	7.52

表 3-30 不同导叶关闭规律下的调压室涌浪计算结果(工况 D1,比较复核方案)

序号	调压室初始水位(m)	调压室最高涌浪(m)	发生时间(s)	调压室最低涌浪(m)	发生时间(s)	向下最大压差(m)	时间(s)	向上最大压差(m)	时间(s)
1	2 686.04	2 754.14	356.88	2 686.03	0.92	0.8	733.96	8.28	9.64
2	2 686.04	2 754.14	357.2	2 686.03	0.92	0.8	734.52	8.29	10.2
3	2 686.04	2 754.14	357.44	2 686.03	0.92	0.81	735.04	8.26	10.64
4	2 686.04	2 754.14	356.24	2 686.03	0.92	0.81	735.56	8.23	11.20
5	2 686.04	2 754.14	356.44	2 686.03	0.92	0.81	735.68	8.19	11.68
6	2 686.04	2 754.14	356.72	2 686.03	0.92	0.81	736.60	8.18	12.20
7	2 686.04	2 754.14	357.08	2 686.03	0.92	0.81	737.08	8.11	12.68
8	2 686.04	2 754.14	357.40	2 686.03	0.92	0.81	737.08	8.07	13.20
9	2 686.04	2 754.14	357.68	2 686.03	0.92	0.81	737.56	8.03	13.68

表 3-31 不同导叶关闭规律下的调压室涌浪计算结果(工况 D1,最终设计方案)

序号	调压室初始水位(m)	调压室最高涌浪(m)	发生时间(s)	调压室最低涌浪(m)	发生时间(s)	向下最大压差(m)	时间(s)	向上最大压差(m)	时间(s)
1	2 687.76	2 753.26	346.52	2 687.75	0.92	0.88	692.92	9.56	5.92
2	2 687.76	2 753.26	346.64	2 687.75	0.92	0.88	693.76	9.22	10.16
3	2 687.76	2 753.26	346.88	2 687.75	0.92	0.88	694.60	9.34	11.72
4	2 687.76	2 753.26	347.20	2 687.75	0.92	0.88	695.84	9.36	12.28
5	2 687.76	2 753.26	347.48	2 687.75	0.92	0.88	696.16	9.38	12.64
6	2 687.76	2 753.26	347.96	2 687.75	0.92	0.88	697.00	9.36	13.44
7	2 687.76	2 753.26	348.40	2 687.75	0.92	0.88	697.44	9.27	14.28
8	2 687.76	2 753.26	348.68	2 687.75	0.92	0.87	695.68	9.22	15.04
9	2 687.76	2 753.26	348.88	2 687.75	0.92	0.87	695.92	9.19	15.80

计算结果表明:导叶关闭时间的变化对调压室的涌浪产生的影响可以忽略,对导叶关闭规律的选择主要由机组的调节保证参数来控制。根据表 3-28 和表 3-29 的计算结果,对于比较复核方案,以 D1 工况为依据,在规定的调保参数控制值之内,所允许的导叶最短关闭时间为 9 s,考虑一定裕度,采用导叶直线关闭规律为 12 s,导叶开启(从 0% 开到 100%)时间为 20 s,之后的大波动计算均采用这个推荐值;对于最终设计方案,以 D1 工

况为依据,在规定的调保参数控制值之内,所允许的导叶最短关闭时间为 7 s,最长关闭时间为 12 s,考虑一定裕度,采用导叶关闭规律为 8 s,并选择导叶开启(从 0% 开到 100%)时间为 20 s,之后的大波动计算均采用这个推荐值。图 3-12 和图 3-13 分别给出比较复核方案和最终设计方案导叶的关闭规律,图 3-14 给出导叶开启规律。

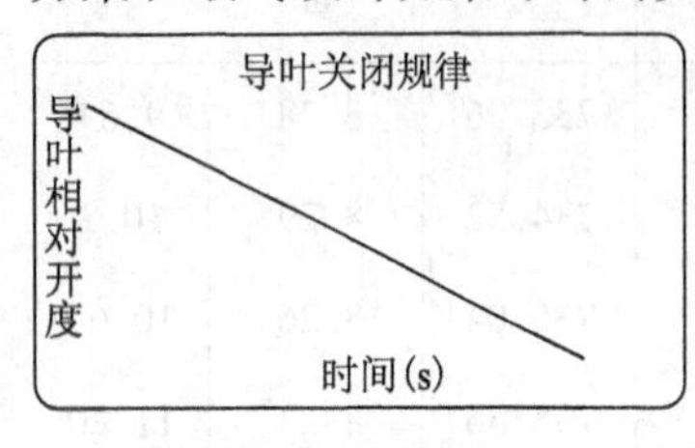

图 3-12 比较复核方案导叶关闭规律

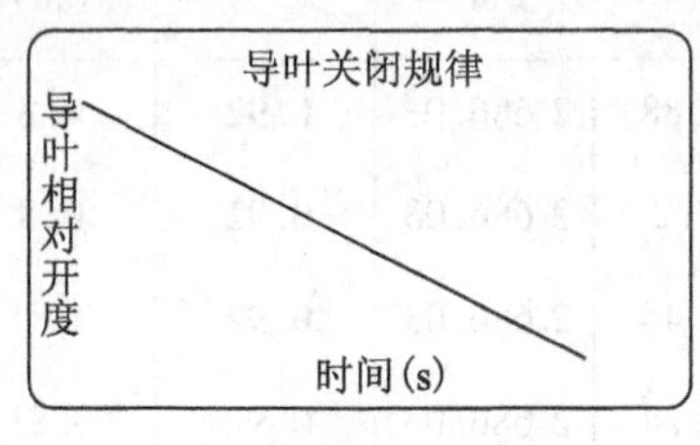

图 3-13 最终设计方案导叶关闭规律

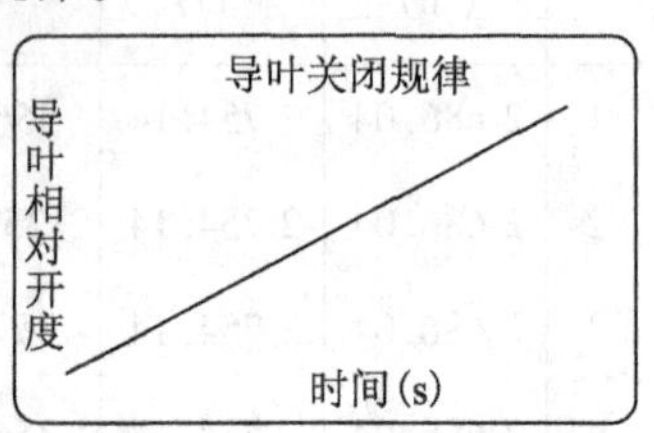

图 3-14 导叶开启规律

针对最终设计方案工况中实际蜗壳压力和机组转速上升率的控制工况 D11,采用导叶关闭时间 7 ~9 s 进行复核和比较,计算结果见表 3-32。

表 3-32 导叶关闭规律复核分析(工况 D11,最终设计方案)

序号	有效关闭时间(s)	机组	蜗壳末端最大动水压力(m)	极值发生时间(s)	尾水管最小压力(m)	极值发生时间(s)	机组最大转速上升(%)	极值发生时间(s)
1	7	1#	447.83	191.00	2.86	0.24	38.56	4.84
		2#	449.55	190.96	2.93	0.24	38.49	4.84
		3#	464.74	191.04	1.91	189.36	46.66	193.92
2	8	1#	441.73	191.36	2.96	0.24	40.29	5.28
		2#	443.32	191.32	3.03	0.24	40.22	5.28
		3#	459.11	191.40	2.04	189.72	49.16	194.76
3	9	1#	437.64	191.64	3.04	0.24	42.17	5.64
		2#	438.92	191.60	3.11	0.24	42.11	5.64
		3#	453.60	191.84	2.13	190.08	51.25	195.48

由表 3-32 可知,在工况 D11,即上游正常蓄水位 2 743.00 m,3 台机额定工况运行,先甩 2 台机,1 台机正常运行,在调压室涌浪最高时刻,再甩 1 台机的运行工况下,导叶关闭时间拟定为 8 s 直线关闭是合适的,能够保证蜗壳压力和机组转速上升率满足控制要求。

3.2.2.3 机组转动惯量(GD^2)敏感性分析

经过初步计算,机组的转速上升率能够满足调保参数控制要求,但为方便设计方决策,比较复核方案选择 12 s 的直线关闭规律对工况 D1 进行转动惯量的敏感性分析,最终设计方案选择 8 s 的直线关闭规律对工况 D1 进行转动惯量的敏感性分析。由于转动惯量的变化对调压室的涌浪基本没有影响,所以计算结果仅列出机组的 3 个调节保证参数。

表 3-33 和表 3-34 分别列出 2 个方案下的转动惯量敏感性分析的结果。

表 3-33 机组转动惯量敏感性分析的计算结果(比较复核方案)

序号	GD^2 (t·m²)	机组	蜗壳末端最大动水压力(m)	极值发生时间(s)	尾水管最小压力(m)	极值发生时间(s)	机组最大转速上升(%)	极值发生时间(s)
1	900	1#	432.71	3.04	3.03	0.24	45.11	4.68
		2#	432.93	3.04	3.17	0.24	45.14	4.68
		3#	433.50	3.08	3.40	0.24	45.17	4.68
2	920	1#	431.54	3.04	3.04	0.24	44.50	4.72
		2#	431.77	3.08	3.18	0.24	44.52	4.72
		3#	432.45	3.08	3.41	0.24	44.56	4.72
3	950	1#	429.66	3.12	3.06	0.24	43.62	4.76
		2#	429.99	3.08	3.19	0.24	43.64	4.76
		3#	430.71	3.08	3.42	0.24	43.68	4.76
4	970	1#	428.59	3.16	3.07	0.24	43.05	4.76
		2#	428.68	2.92	3.20	0.24	43.08	4.76
		3#	429.32	3.08	3.43	0.24	43.11	4.76
5	1 000	1#	427.71	2.96	3.08	0.24	42.23	4.80
		2#	427.94	2.92	3.21	0.24	42.26	4.80
		3#	428.34	2.92	3.44	0.24	42.29	4.80

表 3-34 机组转动惯量敏感性分析的计算结果(最终设计方案)

序号	GD^2 (t·m²)	机组	蜗壳末端最大动水压力(m)	极值发生时间(s)	尾水管最小压力(m)	极值发生时间(s)	机组最大转速上升(%)	极值发生时间(s)
1	900	1#	436.74	3.12	2.98	0.24	46.27	5.20
		2#	438.49	3.12	3.09	0.24	46.47	5.20
		3#	439.83	3.12	3.12	0.04	46.65	5.20
2	920	1#	436.24	3.12	2.99	0.24	45.65	5.24
		2#	437.93	3.12	3.10	0.24	45.84	5.24
		3#	439.23	3.12	3.12	0.04	46.03	5.24
3	950	1#	435.40	3.12	3.00	0.24	44.79	5.28
		2#	437.06	3.12	3.10	0.24	44.99	5.28
		3#	438.33	2.92	3.13	0.04	45.18	5.28
4	970	1#	434.81	3.12	3.00	0.24	44.28	5.32
		2#	436.50	3.12	3.11	0.24	44.48	5.32
		3#	437.88	2.92	3.14	0.04	44.67	5.32

续表 3-34

序号	GD^2 (t·m²)	机组	蜗壳末端最大动水压力(m)	极值发生时间(s)	尾水管最小压力(m)	极值发生时间(s)	机组最大转速上升(%)	极值发生时间(s)
5	1 000	1#	434.23	3.12	3.01	0.24	43.56	5.36
		2#	435.94	3.12	3.12	0.24	43.75	5.36
		3#	437.24	3.12	3.15	0.04	43.94	5.36

通过计算结果可以看出,当机组转动惯量在900~1 000 t·m²变化时,可以使机组的所有调保参数满足规范要求,而且各项调保参数变化并不大,并且根据大波动初步计算成果,设计给定的机组转动惯量可以满足所有大波动工况的控制要求,机组的转动惯量的优化对引水发电系统的工程合理性影响并不显著,为了尽可能地利用转速上升并考虑到经济效应和制造成本等问题,建议仍采用950 t·m²作为机组转动惯量的推荐值。

3.2.2.4 调压室形式和尺寸的比较

根据工程的要求,拟对上游调压室的形式和尺寸做初步的分析。以工况 D1 为依托,计算结果见表3-35 和表3-26,表中方案序号1代表闸门槽兼作阻抗孔的双室式调压室(阻抗孔面积7.32 m²),序号2代表闸门槽扩大作为阻抗孔的双室式调压室(最终设计方案),序号3代表简单式调压室(不设上下室,底部直接与引水隧洞相连,不设阻抗孔),序号4代表上部设双室,下部阻抗孔当量面积为引水隧洞横断面面积17.35 m²。

表 3-35 调压室形式比较的计算结果(调保参数,工况 D1)

序号	机组编号	蜗壳末端最大动水压力(m)	极值发生时间(s)	尾水管最小压力(m)	极值发生时间(s)	机组最大转速上升(%)	极值发生时间(s)
1	1#	435.52	3.12	3.00	0.24	44.82	5.32
	2#	437.18	3.12	3.10	0.24	45.02	5.32
	3#	438.44	3.12	3.13	0.04	45.21	5.28
2	1#	435.40	3.12	3.00	0.24	44.79	5.28
	2#	437.06	3.12	3.10	0.24	44.99	5.28
	3#	438.33	2.92	3.13	0.04	45.18	5.28
3	1#	460.09	150.80	3.00	0.24	44.63	5.24
	2#	461.26	157.48	3.10	0.24	44.83	5.24
	3#	462.79	150.88	3.13	0.04	45.02	5.24
4	1#	434.94	2.88	3.00	0.24	44.66	5.24
	2#	436.59	3.12	3.10	0.24	44.86	5.24
	3#	438.00	2.92	3.13	0.04	45.05	5.24

表 3-36　　　　调压室形式比较的计算结果(调压室涌浪,工况 D1)

序号	调压室初始水位(m)	调压室最高涌浪(m)	发生时间(s)	调压室最低涌浪(m)	发生时间(s)	向下最大压差(m)	时间(s)	向上最大压差(m)	时间(s)
1	2 687.76	2 753.14	345.80	2 687.75	0.92	1.02	694.48	11.17	11.72
2	2 687.76	2 753.26	346.88	2 687.75	0.92	0.88	694.60	9.34	11.72
3	2 687.76	2797.94	158.68	2 687.75	0.92	0.07	257.28	0.25	11.72
4	2 687.76	2 753.76	351.64	2 687.75	0.92	0.22	698.24	2.08	11.72

再以蜗壳末端最大动水压力,尾水管最小压力和机组转速上升的共同控制工况 D11 为依托,计算结果见表 3-37 和表 3-38,表中方案序号意义同前。

表 3-37　　　　调压室形式比较的计算结果(调保参数,工况 D11)

序号	机组编号	蜗壳末端最大动水压力(m)	极值发生时间(s)	尾水管最小压力(m)	极值发生时间(s)	机组最大转速上升(%)	极值发生时间(s)
1	1#	441.71	190.52	2.96	0.24	40.30	5.28
	2#	443.31	190.48	3.03	0.24	40.23	5.28
	3#	459.08	190.56	2.03	188.88	49.17	193.92
2	1#	441.73	191.36	2.96	0.24	40.29	5.28
	2#	443.32	191.32	3.03	0.24	40.22	5.28
	3#	459.11	191.40	2.04	189.72	49.16	194.76
3	1#	452.01	168.84	2.96	0.24	40.24	5.24
	2#	453.81	168.84	3.03	0.24	40.17	5.28
	3#	469.96	168.92	1.73	167.24	51.19	172.24
4	1#	441.85	193.16	2.96	0.24	40.25	5.28
	2#	443.46	193.12	3.03	0.24	40.18	5.28
	3#	459.22	193.24	2.04	191.52	49.15	196.52

表 3-38　　调压室形式比较的计算结果(调压室涌浪,工况 D11)

序号	调压室初始水位(m)	调压室最高涌浪(m)	发生时间(s)	调压室最低涌浪(m)	发生时间(s)	向下最大压差(m)	时间(s)	向上最大压差(m)	时间(s)
1	2 687.76	2 751.26	429.36	2 687.75	0.92	0.72	736.32	4.70	12.76
2	2 687.76	2 751.29	430.24	2 687.75	0.92	0.61	743.64	3.94	12.64
3	2 687.76	2777.18	248.00	2 687.75	0.92	0.03	356.44	0.10	12.64
4	2 687.76	2 751.44	435.20	2 687.75	0.92	0.16	748.88	0.87	12.64

再以调压室最高涌浪控制工况 D13 为依托,计算结果见表 3-39 和表 3-40,表中方案序号意义同前。

表 3-39　　调压室形式比较的计算结果(调保参数,工况 D13)

序号	机组编号	蜗壳末端最大动水压力(m)	极值发生时间(s)	尾水管最小压力(m)	极值发生时间(s)	机组最大转速上升(%)	极值发生时间(s)
1	1#	401.20	66.32	2.96	0.24	40.30	5.28
	2#	401.73	66.04	3.03	0.24	40.23	5.28
	3#	403.33	14.80	3.06	3.24	40.54	18.08
2	1#	400.50	66.36	2.96	0.24	40.29	5.28
	2#	401.05	66.08	3.03	0.24	40.22	5.28
	3#	402.39	14.80	3.06	3.24	40.36	18.08
3	1#	454.91	163.72	2.96	0.24	40.24	5.24
	2#	454.48	150.56	3.03	0.24	40.17	5.28
	3#	456.07	160.48	3.05	3.24	39.48	18.04
4	1#	401.20	66.32	2.96	0.24	40.30	5.28
	2#	401.73	66.04	3.03	0.24	40.23	5.28
	3#	403.33	14.80	3.06	3.24	40.54	18.08

表 3-40　　调压室形式比较的计算结果(调压室涌浪,工况 D13)

序号	调压室初始水位(m)	调压室最高涌浪(m)	发生时间(s)	调压室最低涌浪(m)	发生时间(s)	向下最大压差(m)	时间(s)	向上最大压差(m)	时间(s)
1	2 687.76	2 753.15	350.12	2 687.75	0.92	1.02	704.24	10.62	24.64
2	2 687.76	2 753.26	351.84	2 687.75	0.92	0.87	704.32	8.87	24.64
3	2 687.76	2797.86	162.32	2 687.75	0.92	0.07	257.80	0.24	24.64
4	2 687.76	2 753.15	350.12	2 687.75	0.92	1.02	704.24	10.62	24.64

再以调压室最低涌浪控制工况 D5 为依托，计算结果见表 3-41 和表 3-42，表中方案序号意义同前。

表 3-41 调压室形式比较的计算结果（调保参数，工况 D5）

序号	机组编号	蜗壳末端最大动水压力(m)	极值发生时间(s)	尾水管最小压力(m)	极值发生时间(s)	机组最大转速上升(%)	极值发生时间(s)
1	1#	380.26	0.04	4.38	19.72	0	0.04
	2#	380.25	0.04	4.36	19.68	0	0.04
	3#	380.25	0.04	4.38	19.68	0	0.04
2	1#	380.26	0.04	4.33	19.72	0	0.04
	2#	380.25	0.04	4.32	19.68	0	0.04
	3#	380.25	0.04	4.33	19.68	0	0.04
3	1#	380.26	0.04	4.09	19.72	0	0.04
	2#	380.25	0.04	4.08	19.68	0	0.04
	3#	380.25	0.04	4.1	19.68	0	0.04
4	1#	380.26	0.04	4.14	19.72	0	0.04
	2#	380.25	0.04	4.13	19.68	0	0.04
	3#	380.25	0.04	4.15	19.68	0	0.04

表 3-42 调压室形式比较的计算结果（调压室涌浪，工况 D5）

序号	调压室初始水位(m)	调压室最高涌浪(m)	发生时间(s)	调压室最低涌浪(m)	发生时间(s)	向下最大压差(m)	时间(s)	向上最大压差(m)	时间(s)
1	2 738.60	2 738.60	0.04	2 666.17	150.16	10.14	18.84	0.25	229.96
2	2 738.60	2 738.60	0.04	2 666.04	150.44	8.53	18.84	0.21	254.40
3	2 738.60	2 738.60	0.04	2 655.14	136.76	0.24	18.84	0.01	200.12
4	2 738.60	2 738.60	0.04	2 665.53	151.96	1.95	18.84	0.05	261.52

由上可见，本电站由于引水隧洞非常长，调压室的涌浪非常高，为了限制调压室的最高最低涌浪，必须设置上下室。对于底部阻抗孔的设置问题，只要阻抗孔的面积不大于引水隧洞横断面的面积，基本能够满足设计要求。

下面以最高涌浪控制工况 D13 对调压室底部的阻抗孔的尺寸进行了敏感性分析，计算结果见表 3-43 和表 3-44。

表 3-43　调压室阻抗孔尺寸敏感性分析的计算结果(调保参数)

序号	阻抗孔面积(m^2)	机组编号	蜗壳末端最大动水压力(m)	极值发生时间(s)	尾水管最小压力(m)	极值发生时间(s)	机组最大转速上升(%)	极值发生时间(s)
1	7.32(闸门槽不扩大)	1#	401.20	66.32	2.96	0.24	40.30	5.28
		2#	401.73	66.04	3.03	0.24	40.23	5.28
		3#	403.33	14.80	3.06	3.24	40.54	18.08
2	8.04(闸门槽扩大,当量直径 3.2 m)	1#	400.50	66.36	2.96	0.24	40.29	5.28
		2#	401.05	66.08	3.03	0.24	40.22	5.28
		3#	402.39	14.80	3.06	3.24	40.36	18.08
3	9	1#	400.90	66.36	2.96	0.24	40.28	5.28
		2#	401.68	66.08	3.03	0.24	40.21	5.28
		3#	402.00	63.12	3.06	3.24	40.18	18.08

表 3-44　调压室阻抗孔尺寸敏感性分析的计算结果(调压室涌浪)

序号	调压室初始水位(m)	调压室最高涌浪(m)	发生时间(s)	调压室最低涌浪(m)	发生时间(s)	向下最大压差(m)	时间(s)	向上最大压差(m)	时间(s)
1	2 687.76	2 753.15	350.12	2 687.75	0.92	1.02	704.24	10.62	24.64
2	2 687.76	2 753.26	351.84	2 687.75	0.92	0.87	704.32	8.87	24.64
3	2 687.76	2 753.38	353.08	2 687.75	0.92	0.72	705.44	7.15	24.64

计算结果表明,阻抗孔面积的增大对机组的蜗壳压力上升值的减小是有利的,而调压室的涌浪会增大,但是幅度不大。因此,对于设置了上下室的双室式调压室,底部的阻抗孔尺寸只要大于闸门槽的尺寸就可行。

同时表明,现有的布置方式是合理可行的。

3.2.2.5　引水隧洞糙率敏感性分析

鉴于在工程实施过程中引水隧洞开挖过程中围岩条件与勘探阶段围岩条件有所差别,引水隧洞的衬砌形式可能会发生改变,从而导致糙率的变化,由于本电站引水道长,糙率的变化可能会对计算结果产生影响,本节特别针对最高涌浪控制工况 D13,最低涌浪控制工况 D5 两个控制工况对引水隧洞糙率的变化做敏感性分析。

在计算调压室涌浪时,隧洞糙率有很多组合,下面针对不同的组合进行分析,找出最危险工况。

(1)最高涌浪

在采用最终设计方案的条件下,以调压室最高涌浪控制工况 D13 为计算工况进行糙率的敏感性分析,计算结果见表 3-45。

表 3-45　隧洞糙率敏感性分析计算结果

正向糙率	反向糙率	机组	蜗壳末端最大动水压力(m)	尾水管进口最小动水压力(m)	机组最大转速上升(%)	调压室最高涌浪(m)	调压室最低涌浪(m)
0.012 0.022	0.016 0.032	1#	416.05	2.47	43.40	2 754.87	2 703.72
		2#	415.95	2.55	43.33		
		3#	421.48	2.45	43.47		
0.012 0.022	0.012 0.022	1#	416.05	2.47	43.40	2 754.87	2 703.72
		2#	415.95	2.55	43.33		
		3#	421.48	2.45	43.47		
0.016 0.032	0.012 0.022	1#	399.17	3.30	38.43	2 752.47	2 678.34
		2#	399.64	3.36	38.36		
		3#	399.47	3.41	38.51		
0.016 0.032	0.016 0.032	1#	399.17	3.30	38.43	2 752.47	2 678.34
		2#	399.64	3.36	38.36		
		3#	399.47	3.41	38.51		

(2)最低涌浪

在采用最终设计方案的条件下,以调压室最低涌浪控制工况 D5 为计算工况进行糙率的敏感性分析,计算结果见表 3-46。

表 3-46　隧洞糙率敏感性分析计算结果

正向糙率	反向糙率	机组	蜗壳末端最大动水压力(m)	尾水管进口最小动水压力(m)	机组最大转速上升(%)	调压室最高涌浪(m)	调压室最低涌浪(m)
0.012 0.022	0.016 0.032	1#	380.40	4.33	0	2 738.73	2 666.60
		2#	380.39	4.31	0		
		3#	380.40	4.33	0		
0.012 0.022	0.012 0.022	1#	380.40	4.33	0	2 738.73	2 666.60
		2#	380.39	4.31	0		
		3#	380.40	4.33	0		
0.016 0.032	0.012 0.022	1#	380.17	4.33	0	2 738.50	2 665.58
		2#	380.16	4.33	0		
		3#	380.17	4.34	0		
0.016 0.032	0.016 0.032	1#	380.17	4.33	0	2 738.50	2 665.58
		2#	380.16	4.33	0		
		3#	380.17	4.34	0		

由上述计算结果可见，无论是最高涌浪还是最低涌浪，对控制值起决定性作用的是正向糙率，在选用最大的糙率和最小的糙率条件下，最高涌浪相差约 0.2m，最低涌浪相差约 1 m。糙率变化导致的调压室最高最低涌浪值的变化在调压室设计方案的允许范围内。

3.2.2.6　大波动计算结果及结论

(1)比较复核方案

导叶采用 12 s 直线关闭规律，调压室竖井直径 10 m，扣除闸门墩面积后有效净面积为 50.265 m^2(当量直径为 8 m)，机组转动惯量取制造厂给定的 950 t · m^2，阻抗孔由闸门槽口扩大而成，当量直径 3.2 m，对 14 个大波动工况进行了详细的数值计算，计算结果见表 3-47 和表 3-48。

表 3-47　　大波动工况机组参数计算结果(比较复核方案)

计算工况	机组	蜗壳末端最大动水压力(m)	极值发生时间(s)	尾水管进口最小动水压力(m)	极值发生时间(s)	机组最大转速上升(%)	极值发生时间(s)
D1	1#	429.60	3.12	3.06	0.24	43.60	4.72
	2#	429.94	3.08	3.19	0.24	43.63	4.76
	3#	430.66	3.08	3.42	0.24	43.66	4.72
D2	1#	429.44	3.12	4.19	0.24	43.39	4.72
	2#	429.77	3.08	4.32	0.24	43.42	4.76
	3#	430.49	3.08	4.55	0.24	43.45	4.72
D3	1#	431.71	211.44	6.19	0.24	34.07	212.92
	2#	431.99	211.40	5.99	0.24	34.12	212.92
	3#	434.36	211.16	4.97	209.04	40.46	212.92
D4	1#	429.60	3.12	3.06	0.24	43.60	4.72
	2#	429.94	3.08	3.19	0.24	43.63	4.76
	3#	430.66	3.08	2.39	777.60	43.66	4.72
D5	1#	377.86	0.04	5.11	13.64	0	0.04
	2#	377.86	0.04	5.08	13.12	0	0.04
	3#	377.90	0.04	5.02	13.20	0	0.04
D6	1#	381.57	0.04	6.12	13.64	0	0.04
	2#	381.57	0.04	6.11	13.64	0	0.04
	3#	381.61	0.04	6.06	13.16	0	0.04

续表 3-47

计算工况	机组	蜗壳末端最大动水压力(m)	极值发生时间(s)	尾水管进口最小动水压力(m)	极值发生时间(s)	机组最大转速上升(%)	极值发生时间(s)
D7	1#	428.81	3.12	2.49	0.24	43.57	4.72
	2#	429.15	3.08	2.63	0.24	43.59	4.76
	3#	429.87	3.08	2.86	0.24	43.63	4.72
D8	1#	430.20	2.80	2.61	0.24	43.03	4.68
	2#	430.41	2.76	2.74	0.24	43.05	4.68
	3#	430.68	3.08	2.96	0.24	43.08	4.68
D9	1#	425.72	1.92	3.14	0.24	33.87	3.80
	2#	413.83	1.96	9.96	618.24	0	0.04
	3#	413.96	2.00	9.97	509.32	0	0.04
D10	1#	436.23	2.04	3.20	0.24	40.47	4.28
	2#	435.77	2.00	2.99	0.24	40.39	4.28
	3#	424.29	1.92	10.78	694.88	0	0.04
D11	1#	455.67	190.88	1.45	58.24	48.13	193.40
	2#	443.68	190.84	3.17	0.24	39.11	4.68
	3#	442.66	190.64	3.42	0.24	39.13	4.68
D12	1#	384.26	0.16	6.11	435.44	0	0.04
	2#	381.95	0.04	4.71	15.16	0	0.04
	3#	381.99	0.04	4.66	15.20	0	0.04
D13	1#	398.22	63.80	2.46	2.44	38.98	16.56
	2#	399.37	67.32	3.17	0.24	39.11	4.68
	3#	398.97	63.92	3.42	0.24	39.13	4.68
D14	1#	384.26	0.16	5.33	27.60	0	0.04
	2#	381.95	0.04	4.58	14.00	0	0.04
	3#	381.99	0.04	4.51	14.00	0	0.04

表 3-48　　大波动工况调压室最高最低涌浪计算结果(比较复核方案)

计算工况	调压室初始水位(m)	调压室最高涌浪(m)	发生时间(s)	调压室最低涌浪(m)	发生时间(s)	向下最大压差(m)	时间(s)	向上最大压差(m)	时间(s)
D1	2 686.04	2 754.14	356.44	2 686.03	0.92	0.81	735.68	8.19	11.68
D2	2 686.12	2 754.08	355.40	2 686.12	0.92	0.82	735.68	8.16	11.68
D3	2 718.02	2 753.94	563.56	2 688.34	139.12	0.79	943.80	7.16	219.48
D4	2 686.04	2 754.14	356.44	2 680.87	871.44	4.04	748.44	8.19	11.68
D5	2 736.44	2 736.44	0.04	2 665.52	144.96	5.84	12.60	0.18	262.72
D6	2 740.21	2 740.21	0.04	2 666.07	137.60	5.91	12.60	0.20	231.40
D7	2 685.29	2 753.92	349.52	2 685.28	0.92	0.86	704.28	8.19	11.68
D8	2 686.93	2 754.11	356.16	2 686.92	0.92	0.80	735.52	8.06	11.56
D9	2 731.32	2 749.54	222.04	2 724.09	558.08	0.28	447.64	0.79	10.40
D10	2 712.57	2 751.99	314.20	2 712.56	0.92	0.72	637.40	3.50	11.04
D11	2 686.04	2 751.85	444.60	2 686.03	0.92	0.56	795.64	3.42	12.04
D12	2 740.40	2 740.40	0.04	2 672.44	195.24	2.78	13.12	0.04	266.36
D13	2 686.04	2 754.14	362.00	2 686.03	0.92	0.80	741.28	7.39	22.72
D14	2 740.40	2 740.40	0.04	2 666.08	144.08	5.26	26.60	0.20	236.24

(2)最终设计方案

导叶采用 8 s 直线关闭规律,调压室竖井直径 10 m,扣除闸门墩面积后有效净面积为 63.617 m^2(当量直径为 9 m),机组转动惯量取制造厂给定的 950 t · m^2,阻抗孔由闸门槽口扩大而成,当量直径 3.2 m,对 14 个大波动工况进行了详细的数值计算,计算结果见表 3-49(机组参数)、表 3-50(调压室涌浪)和表 3-51(沿管线的最大和最小压力分布),其中最大测压管水头值取自蜗壳压力控制工况 D11,最小测压管水头值取自工况 D5。图 3-15为 3#机组引水系统压力分布图。

表 3-49　　大波动工况机组参数计算结果(最终设计方案)

计算工况	机组	蜗壳末端最大动水压力(m)	极值发生时间(s)	尾水管进口最小动水压力(m)	极值发生时间(s)	机组最大转速上升(%)	极值发生时间(s)
D1	1#	435.40	3.12	3.00	0.24	44.79	5.28
	2#	437.06	3.12	3.10	0.24	44.99	5.28
	3#	438.33	2.92	3.13	0.04	45.18	5.28

续表 3-49

计算工况	机组	蜗壳末端最大动水压力(m)	极值发生时间(s)	尾水管进口最小动水压力(m)	极值发生时间(s)	机组最大转速上升(%)	极值发生时间(s)
D2	1#	434.39	3.12	5.08	0.24	44.30	5.28
	2#	436.03	3.12	5.18	0.24	44.49	5.28
	3#	437.29	3.12	5.21	0.04	44.68	5.28
D3	1#	428.12	231.92	5.46	0.04	33.16	233.36
	2#	429.41	231.92	5.47	0.04	33.27	233.36
	3#	429.75	231.64	4.3	20.04	0	0.04
D4	1#	435.40	3.12	3.00	0.24	44.79	5.28
	2#	437.06	3.12	3.10	0.24	44.99	5.28
	3#	438.33	2.92	3.13	0.04	45.18	5.28
D5	1#	380.26	0.04	4.33	19.72	0	0.04
	2#	380.25	0.04	4.32	19.68	0	0.04
	3#	380.25	0.04	4.33	19.68	0	0.04
D6	1#	384.24	0.04	6.26	19.72	0	0.04
	2#	384.22	0.04	6.25	19.68	0	0.04
	3#	384.23	0.04	6.27	19.68	0	0.04
D7	1#	433.39	3.12	3.40	0.24	44.41	5.28
	2#	435.04	3.12	3.50	0.24	44.60	5.28
	3#	436.30	3.12	3.53	0.04	44.79	5.28
D8	1#	437.30	2.84	3.56	0.24	43.92	5.20
	2#	438.96	2.88	3.66	0.24	44.12	5.20
	3#	440.39	2.88	3.73	0.04	44.31	5.20
D9	1#	423.96	1.72	10.25	558.52	0	0.04
	2#	426.45	1.80	10.32	651.00	0	0.04
	3#	439.01	1.92	3.75	0.24	36.04	4.56
D10	1#	434.70	1.72	10.82	704.80	0	0.04
	2#	448.81	1.92	3.13	0.24	42.67	4.96
	3#	450.17	2.00	3.21	0.24	42.86	4.96

续表 3-49

计算工况	机组	蜗壳末端最大动水压力(m)	极值发生时间(s)	尾水管进口最小动水压力(m)	极值发生时间(s)	机组最大转速上升(%)	极值发生时间(s)
D11	1#	441.73	191.36	2.96	0.24	40.29	5.28
	2#	443.32	191.32	3.03	0.24	40.22	5.28
	3#	459.11	191.40	2.04	189.72	49.16	194.76
D12	1#	384.22	0.04	3.84	18.56	0	0.04
	2#	384.20	0.04	3.82	18.52	0	0.04
	3#	385.65	0.16	5.16	484.00	0	0.04
D13	1#	400.5	66.36	2.96	0.24	40.29	5.28
	2#	401.05	66.08	3.03	0.24	40.22	5.28
	3#	402.39	14.80	3.06	3.24	40.36	18.08
D14	1#	384.22	0.04	3.82	18.12	0	0.04
	2#	384.20	0.04	3.86	18.12	0	0.04
	3#	385.65	0.16	4.56	35.76	0	0.04

表 3-50 大波动工况调压室最高最低涌浪计算结果(最终设计方案)

计算工况	调压室初始水位(m)	调压室最高涌浪(m)	发生时间(s)	调压室最低涌浪(m)	发生时间(s)	向下最大压差(m)	时间(s)	向上最大压差(m)	时间(s)
D1	2 687.76	2 753.26	346.88	2 687.75	0.92	0.88	694.60	9.34	11.72
D2	2 687.41	2 752.98	329.24	2 687.41	0.92	0.96	662.80	9.23	11.72
D3	2 722.68	2 753.07	572.68	2 692.73	161.56	0.94	18.80	7.75	239.44
D4	2 687.76	2 752.83	334.60	2 687.75	0.92	3.84	711.76	8.92	11.68
D5	2738.60	2738.60	0.04	2 666.04	150.44	8.53	18.84	0.21	254.40
D6	2 742.59	2 742.59	0.04	2 666.76	145.88	8.60	18.84	0.23	227.28
D7	2 686.27	2 752.74	316.84	2 686.26	0.92	1.04	627.84	9.25	11.72
D8	2 689.53	2 753.23	346.16	2 689.53	0.92	0.87	694.40	9.03	11.64
D9	2 735.66	2 749.75	238.40	2 726.24	595.52	0.39	463.40	0.93	9.56
D10	2 716.68	2 751.88	310.32	2 716.67	0.92	0.78	627.04	4.22	11.20
D11	2 687.76	2 751.29	430.24	2 687.75	0.92	0.61	743.64	3.94	12.64
D12	2 742.59	2 742.59	0.04	2 675.83	211.68	4.14	17.48	0.05	290.76
D13	2 687.76	2 753.26	351.84	2 687.75	0.92	0.87	704.32	8.87	24.64
D14	2 742.59	2 742.59	0.04	2 666.72	151.76	7.61	34.88	0.22	230.36

表 3-51　　3#机组引水系统最大最小压力分布数据表

序号	桩号（距进水口）	最大测压管水头（m）	最小测压管水头（m）	隧洞顶部高程（m）	最大压力（m）	最小压力（m）
1	0	2 743.00	2 739.00	2 731.70	11.30	7.30
2	368.74	2 743.61	2 736.84	2 730.59	13.02	6.25
3	603.63	2 743.91	2 735.34	2 729.89	14.02	5.45
4	1 000	2 744.34	2 732.93	2 728.70	15.64	4.23
5	2 000	2 745.34	2 726.90	2 725.70	19.64	1.20
6	2 641.74	2 745.42	2 723.68	2 723.77	21.65	-0.09
7	3 000	2 745.32	2 721.96	2 722.70	22.62	-0.74
8	3 100	2 745.29	2 721.40	2 722.40	22.89	-1.00
9	3 400	2 745.48	2 719.80	2 721.50	23.98	-1.70
10	4 000	2 745.58	2 717.63	2 719.70	25.88	-2.07
11	4 001.77	2 745.58	2 717.55	2 719.69	25.89	-2.14
12	5 000	2 745.93	2 714.02	2 716.70	29.23	-2.68
13	5 866.72	2 746.42	2 709.48	2 714.10	32.32	-4.62
14	6 000	2 746.48	2 708.86	2 713.29	33.19	-4.43
15	6 242.72	2 746.60	2 707.61	2 711.81	34.79	-4.20
16	6 545.61	2 746.80	2 705.97	2 709.96	36.84	-3.99
17	6 674.77	2 746.87	2 705.37	2 709.17	37.70	-3.80
18	6 900	2 747.03	2 704.17	2 707.80	39.23	-3.63
19	7 000	2 747.10	2 703.77	2 707.19	39.91	-3.42
20	7 566	2 747.21	2 701.90	2 703.74	43.47	-1.84
21	7 733.14	2 747.29	2 701.31	2 702.72	44.57	-1.41
22	8 000	2 747.42	2 700.34	2 701.10	46.32	-0.76
23	8 800	2 747.76	2 697.05	2 696.22	51.54	0.83
24	9 080.61	2 747.87	2 695.77	2 694.51	53.36	1.26
25	10 000	2 748.46	2 691.32	2 688.91	59.55	2.41
26	11 000	2 749.00	2 686.54	2 682.81	66.19	3.73
27	11 023.71	2 749.01	2 686.45	2 682.67	66.34	3.78
28	11 138.59	2 749.11	2 685.96	2 681.27	67.84	4.69
29	11 175.65	2 749.15	2 685.75	2 681.04	68.11	4.71
30	11 361.8	2 749.28	2 684.91	2 680.61	68.67	4.30

续表 3-51

序号	桩号（距进水口）	最大测压管水头（m）	最小测压管水头（m）	隧洞顶部高程（m）	最大压力（m）	最小压力（m）
31	11 918	2 749.65	2 682.41	2 677.22	72.43	5.19
32	12 000	2 749.68	2 682.06	2 676.72	72.96	5.34
33	12 420.80	2 749.89	2 680.19	2 674.15	75.74	6.04
34	13 000	2 750.26	2 677.66	2 670.62	79.64	7.04
35	14 000	2 750.67	2 673.30	2 664.53	86.14	8.77
36	14 456.34	2 750.90	2 671.44	2 661.75	89.15	9.69
37	14 464.39	2 750.92	2 671.35	2 661.70	89.22	9.65
38	14 626.91	2 751.05	2 670.69	2 660.71	90.34	9.98
39	15 000	2 751.27	2 669.10	2 658.43	92.84	10.67
40	15 639.86	2 751.34	2 666.43	2 654.40	96.94	12.03
41	15 672.86	2 751.33	2 666.25	2 654.40	96.93	11.85
42	16 012.526	2 751.00	2 665.32	2 362.75	388.25	302.57
43	16 503.704	2 749.56	2 664.01	2 358.60	390.96	305.41
44	16 529.814	2 749.12	2 663.87	2 358.30	390.82	305.57

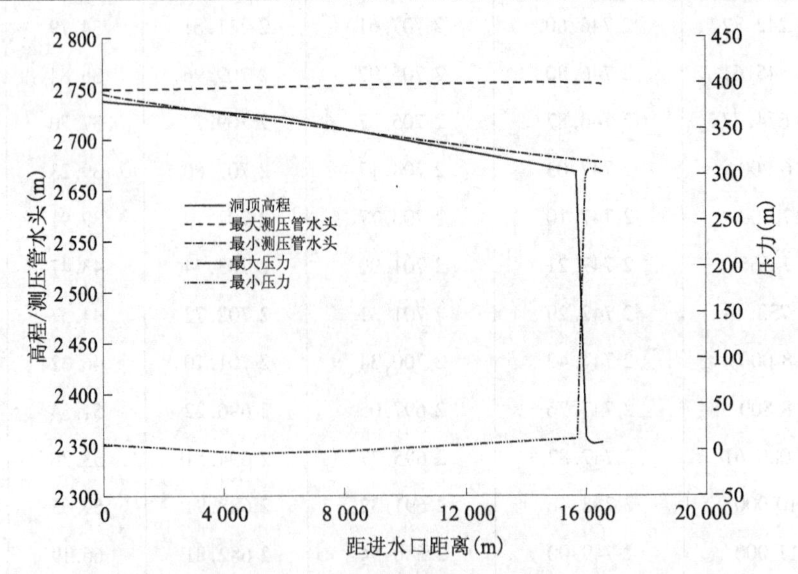

图 3-15　3#机组引水系统压力分布图

表 3-51 中最小压力值取自工况 D5，系 3 台机同时突增负荷的工况，考虑到实际运行中出现该工况的概率较小，另给出上下游相同水位下突增 1 台机和突增 2 台机工况下的最小测压管水头和最小压力值。结果见表 3-52 和表 3-53。

表 3-52　　$3^{\#}$机组引水系统一台机增负荷时最小压力分布数据表

序号	桩号（距进水口）	最小测压管水头（m）	隧洞顶部高程（m）	最小压力（m）
1	0	2 739.00	2 731.70	7.30
2	368.74	2 738.33	2 730.59	7.74
3	603.63	2 737.80	2 729.89	7.91
4	1 000	2 737.01	2 728.70	8.31
5	2 000	2 735.00	2 725.70	9.30
6	2 641.74	2 733.74	2 723.77	9.97
7	3 000	2 733.09	2 722.70	10.39
8	3 100	2 732.87	2 722.40	10.47
9	3 400	2 732.26	2 721.50	10.76
10	4 000	2 731.26	2 719.70	11.56
11	4 001.77	2 731.26	2 719.69	11.57
12	5 000	2 729.89	2 716.70	13.19
13	5 866.72	2 728.24	2 714.10	14.14
14	6 000	2 728.00	2 713.29	14.71
15	6 242.72	2 727.52	2 711.81	15.71
16	6 545.61	2 726.87	2 709.96	16.91
17	6 674.77	2 726.63	2 709.17	17.46
18	6 900	2 726.15	2 707.80	18.35
19	7 000	2 725.99	2 707.19	18.80
20	7 566	2 725.11	2 703.74	21.37
21	7 733.14	2 724.88	2 702.72	22.16
22	8 000	2 724.51	2 701.10	23.41
23	8 800	2 723.16	2 696.22	26.94
24	9 080.61	2 722.66	2 694.51	28.15
25	10 000	2 720.76	2 688.91	31.85
26	11 000	2 718.72	2 682.81	35.91
27	11 023.71	2 718.68	2 682.67	36.01
28	11 138.59	2 718.45	2 681.27	37.18
29	11 175.65	2 718.38	2 681.04	37.34
30	11 361.80	2 718.01	2 680.61	37.40

续表 3-52

序号	桩号 （距进水口）	最小测压管水头 （m）	隧洞顶部高程 （m）	最小压力 （m）
31	11 918	2 716.93	2 677.22	39.71
32	12 000	2 716.78	2 676.72	40.06
33	12 420.80	2 715.98	2 674.15	41.83
34	13 000	2 714.87	2 670.62	44.25
35	14 000	2 712.97	2 664.53	48.44
36	14 456.34	2 712.14	2 661.75	50.39
37	14 464.39	2 712.14	2 661.70	50.44
38	14 626.91	2 711.81	2 660.71	51.10
39	15 000	2 711.10	2 658.43	52.67
40	15 639.86	2 709.94	2 654.40	55.54
41	15 672.86	2 709.56	2 654.40	55.16
42	16 012.526	2 708.98	2 362.75	346.23
43	16 503.704	2 707.77	2 358.60	345.02
44	16 529.814	2 707.03	2 358.30	344.28

表 3-53　3#机组引水系统两台机增负荷时最小压力分布数据表

序号	桩号 （距进水口）	最小测压管水头 （m）	隧洞顶部高程 （m）	最小压力 （m）
1	0	2 739.00	2 731.70	7.30
2	368.74	2 737.70	2 730.59	7.11
3	603.63	2 736.68	2 729.89	6.79
4	1 000	2 735.17	2 728.70	6.47
5	2 000	2 731.34	2 725.70	5.64
6	2 641.74	2 728.96	2 723.77	5.19
7	3 000	2 727.63	2 722.70	4.93
8	3 100	2 727.19	2 722.40	4.79
9	3 400	2 725.98	2 721.50	4.48
10	4 000	2 724.05	2 719.70	4.35
11	4 001.77	2 724.05	2 719.69	4.36
12	5 000	2 721.35	2 716.70	4.65

续表 3-53

序号	桩号（距进水口）	最小测压管水头（m）	隧洞顶部高程（m）	最小压力（m）
13	5 866.72	2 718.29	2 714.10	4.19
14	6 000	2717.83	2713.29	4.54
15	6 242.72	2 716.92	2 711.81	5.11
16	6 545.61	2 715.72	2 709.96	5.76
17	6 674.77	2 715.28	2 709.17	6.11
18	6 900	2 714.37	2 707.80	6.57
19	7 000	2 714.07	2 707.19	6.88
20	7 566	2 712.36	2 703.74	8.62
21	7 733.14	2 711.91	2 702.72	9.19
22	8 000	2 711.18	2 701.10	10.08
23	8 800	2 708.45	2 696.22	12.23
24	9 080.61	2 707.47	2 694.51	12.96
25	10 000	2 703.87	2 688.91	14.96
26	11 000	2 700.02	2 682.81	17.21
27	11 023.71	2 699.87	2 682.67	17.20
28	11 138.59	2 699.57	2 681.27	18.30
29	11 175.65	2 699.31	2 681.04	18.27
30	11 361.80	2 698.70	2 680.61	18.09
31	11 918	2 696.67	2 677.22	19.45
32	12 000	2 696.38	2 676.72	19.66
33	12 420.80	2 694.87	2 674.15	20.72
34	13 000	2 692.81	2 670.62	22.19
35	14 000	2 689.30	2 664.53	24.77
36	14 456.34	2 687.77	2 661.75	26.02
37	14 464.39	2 687.77	2 661.70	26.07
38	14 626.91	2 687.15	2 660.71	26.44
39	15 000	2 685.89	2 658.43	27.46
40	15 639.86	2 683.75	2 654.40	29.35
41	15 672.86	2 683.09	2 654.40	28.69
42	16 012.526	2 682.12	2 362.75	319.37
43	16 503.704	2 680.99	2 358.60	322.39
44	16 529.814	2 680.03	2 358.30	321.73

3.2.2.7 大波动计算结论

(1)计算结果表明,蜗壳最大动水压力和机组转速最大上升率的控制工况均为工况D11,即上游正常蓄水位2 743.00 m,3台机额定工况运行,先甩2台机,1台机正常运行,在调压室涌浪最高时刻,再甩1台机。

(2)水轮机导叶关闭规律建议采用8 s直线关闭规律,即从100%相对开度关闭到0开度的时间为8 s,各工况的关闭时间根据初始开度进行折减,并以34 mm作为a_0值。

(3)机组转动惯量建议使用制造厂给定的950 t·m^2。

(4)调压室最终设计方案是可行的,即采用带阻抗孔的双室式调压室,竖井直径10 m,扣除闸门墩面积后的有效面积为63.617 m^2(当量直径为9 m),阻抗孔面积8.042 m^2(当量直径3.2 m)。底部高程2 657.40 m,顶部平台高程为2 795.00 m,竖井高137.6 m。调压室上室长150 m,断面尺寸8 m×(8.5~10) m(宽×高,城门洞型),进口底板高程2 747.50 m。下室长65.0 m,直径8.0 m,进口底板高程2 661.00 m。

(5)在上述建议方案下,蜗壳末端最大动水压力为459.11 m,机组转速最大上升率为49.16%,尾水管进口最小压力为2.04 m,控制工况均为D11;调压室最高涌浪为2 753.26 m,控制工况为D13;调压室最低涌浪为2 666.04 m,控制工况为D5。

(6)本书列出了两个阶段下的计算结果,在各阶段下的设计资料和设计方案下,调保参数和调压室涌浪均满足设计要求,根据计算结果和最终的验收资料,推荐采用最终设计方案。

3.2.3 小波动过渡过程

3.2.3.1 计算工况

根据本电站的特点,比较复核方案计算阶段拟定小波动过渡过程工况如下:

工况X1:上游水位2 743.00 m,下游水位2 368.90 m,额定水头,3台机组满出力运行突甩10%负荷。

工况X2:上游水位2 741.80 m,下游水位2 368.90 m,最小水头,3台机组满出力运行突甩10%负荷。

工况X3:上游水位2 743.00 m,下游水位2 369.40 m,水头340.17 m,3台机组带80%额定负荷突甩10%负荷。

工况X4:上游水位2 741.80 m,下游水位2 369.40 m,水头339.15 m,3台机组带80%额定负荷突甩10%负荷。

工况X5:上游水位2 743.00 m,下游水位2 369.40 m,水头354.03 m,3台机组带60%额定负荷突甩10%负荷。

工况X6:上游水位2 741.80 m,下游水位2 369.40 m,水头352.80 m,3台机组带60%额定负荷突甩10%负荷。

最终设计方案下计算阶段拟定小波动过渡过程工况如下:

工况X1:上游水位2 743.00 m,下游水位2 368 m,额定水头,3台机组满出力运行突甩10%负荷。

工况X2:上游水位2 740.00 m,下游水位2 368 m,最小水头,3台机组满出力运行突甩 10% 负荷。

工况 X3：上游水位 2 743.00 m，下游水位 2 368 m，水头 343.36 m，3 台机组带 80% 额定负荷突甩 10% 负荷。

工况 X4：上游水位 2 740.00 m，下游水位 2 368 m，水头 339.86 m，3 台机组带 80% 额定负荷突甩 10% 负荷。

工况 X5：上游水位 2 743.00 m，下游水位 2 368 m，水头 357.14 m，3 台机组带 60% 额定负荷突甩 10% 负荷。

工况 X6：上游水位 2 740.00 m，下游水位 2 368 m，水头 353.62 m，3 台机组带 60% 额定负荷突甩 10% 负荷。

3.2.3.2 调速器参数确定

由于机组配备 PID 型调速器，这里简单介绍 PID 型调速器方程及相关理论。

对于 PID 型调速器，其调速器方程可简化为：

$$(b_{ti}+b_{pi})T_{di}\frac{d\mu_i}{dt}+b_{pi}\mu_i=-T_{di}T_{ni}\frac{d^2\varphi_i}{dt^2}-(T_{ni}+T_{di})\frac{d\varphi_i}{dt}-\varphi_i$$

式中 $T_{ni}(i=1\sim3)$——调速器微分时间常数。

令：

$$FM_1=1+\frac{T_{n1}}{b_{t1}+b_{p1}}A_{69}$$

$$FM_2=-\frac{T_{n1}}{b_{t1}+b_{p1}}A_{63}$$

$$FM_3=-\left[\frac{T_{n1}}{b_{t1}+b_{p1}}A_{66}+\frac{T_{n1}+T_{d1}}{(b_{t1}+b_{p1})T_{d1}}\right]$$

$$FM_4=-\frac{1}{(b_{t1}+b_{p1})T_{d1}}$$

$$FM_5=-\frac{b_{p1}}{(b_{t1}+b_{p1})T_{d1}}$$

由上式可得：

$$\frac{d\mu_1}{dt}=A_{92}Z_{su}+A_{93}q_1+A_{94}q_2+A_{95}q_3+A_{96}\varphi_1+A_{97}\varphi_2+A_{98}\varphi_3+A_{99}\mu_1+A_{910}\mu_2+A_{911}\mu_1-\frac{FM_3X_1}{T_{a1}FM_1}$$

式中 $A_{92}=\dfrac{FM_2A_{32}}{FM_1}$；

$A_{93}=\dfrac{FM_2A_{33}+FM_3A_{63}}{FM_1}$；

$A_{94}=\dfrac{FM_2A_{34}}{FM_1}$；

$A_{95}=\dfrac{FM_2A_{35}}{FM_1}$；

$A_{96}=\dfrac{FM_2A_{36}+FM_3A_{66}+FM_4}{FM_1}$；

$$A_{97}=\frac{FM_2A_{37}}{FM_1};$$

$$A_{98}=\frac{FM_2A_{38}}{FM_1};$$

$$A_{99}=\frac{FM_2A_{39}+FM_3A_{69}+FM_5}{FM_1};$$

$$A_{910}=\frac{FM_2A_{310}}{FM_1};$$

$$A_{911}=\frac{FM_2A_{311}}{FM_1}。$$

令:

$$FM_6=1+\frac{T_{n2}}{b_{t2}+b_{p2}}A_{710}$$

$$FM_7=-\frac{T_{n2}}{b_{t2}+b_{p2}}A_{74}$$

$$FM_8=-\left[\frac{T_{n2}}{b_{t2}+b_{p2}}A_{77}+\frac{T_{n2}+T_{d2}}{(b_{t2}+b_{p2})T_{d2}}\right]$$

$$FM_9=-\frac{1}{(b_{t2}+b_{p2})T_{d2}}$$

$$FM_{10}=-\frac{b_{p2}}{(b_{t2}+b_{p2})T_{d2}}$$

可得:

$$\frac{d\mu_2}{dt}=A_{102}Z_{su}+A_{103}q_1+A_{104}q_2+A_{105}q_3+A_{106}\varphi_1+A_{107}\varphi_2+A_{108}\varphi_3+A_{109}\mu_1+A_{1\,010}\mu_2+A_{1\,011}$$

$$\mu_1-\frac{FM_8X_2}{T_{a2}FM_6}$$

式中 $A_{102}=\frac{FM_7A_{42}}{FM_6};$

$$A_{104}=\frac{FM_7A_{44}+FM_8A_{74}}{FM_6};$$

$$A_{103}=\frac{FM_7A_{43}}{FM_6};$$

$$A_{105}=\frac{FM_7A_{45}}{FM_6}A_{106}=\frac{FM_7A_{46}}{FM_6}A_{107}=\frac{FM_7A_{47}+FM_8A_{77}+FM_9}{FM_6};$$

$$A_{108}=\frac{FM_7A_{48}}{FM_6};$$

$$A_{1010}=\frac{FM_7A_{410}+FM_8A_{710}+FM_{10}}{FM_6};$$

$$A_{109}=\frac{FM_7A_{49}}{FM_6};$$

$A_{1011}=\dfrac{FM_7A_{411}}{FM_6}$。

令：

$$FM_{11}=1+\frac{T_{n3}}{b_{t3}+b_{p3}}A_{811}$$

$$FM_{12}=-\frac{T_{n3}}{b_{t3}+b_{p3}}A_{85}$$

$$FM_{13}=-\left[\frac{T_{n3}}{b_{t3}+b_{p3}}A_{88}+\frac{T_{n3}+T_{d3}}{(b_{t3}+b_{p3})T_{d3}}\right]$$

$$FM_{14}=-\frac{1}{(b_{t3}+b_{p3})T_{d3}}$$

$$FM_{15}=-\frac{b_{p3}}{(b_{t3}+b_{p3})T_{d3}}$$

可得：

$$\frac{d\mu_3}{dt}=A_{112}Z_{su}+A_{113}q_1+A_{114}q_2+A_{115}q_3+A_{116}\varphi_1+A_{117}\varphi_2+A_{118}\varphi_3+A_{119}\mu_1+A_{1\,110}\mu_2+A_{1\,111}\mu_1-\frac{FM_{12}X_3}{T_{a3}FM_{11}}$$

式中 $A_{112}=\dfrac{FM_{12}A_{56}}{FM_{11}}$；

$A_{113}=\dfrac{FM_{12}A_{53}}{FM_{11}}$；

$A_{114}=\dfrac{FM_{12}A_{54}}{FM_{11}}$；

$A_{115}=\dfrac{FM_{12}A_{55}+FM_{13}A_{85}}{FM_{11}}$；

$A_{116}=\dfrac{FM_{12}A_{56}}{FM_{11}}$；

$A_{117}=\dfrac{FM_{12}A_{57}}{FM_{11}}$；

$A_{118}=\dfrac{FM_{12}A_{58}+FM_{13}A_{88}+FM_{14}}{FM_{11}}$；

$A_{119}=\dfrac{FM_{12}A_{59}}{FM_{11}}$

$A_{1110}=\dfrac{FM_{12}A_{510}}{FM_{11}}$；

$A_{1111}=\dfrac{FM_{12}A_{511}+FM_{13}A_{811}+FM_{15}}{FM_{11}}$。

比较复核方案下调速器参数首先按照斯坦因建议公式取值，即 $T_n=0.5T_w$，$b_p+b_t=1.5T_w/T_a$，$T_d=3T_w$，其中 T_w 取最长管线机组至调压室间的水流加速时间常数(1.699 s)，

T_a 为机组加速时间常数(6.449 s)。经过计算和分析,初步选取调速器参数如下:T_n =1.0 s,b_t =0.40,T_d =5.0 s,T_y =0.02 s,b_p =0,电网负荷自调节系数 e_g 取0,即小波动计算不考虑外界电网的调节作用。以 X1 工况为基础,对调速器参数进行敏感性分析,计算了 7 组调速器参数,计算结果见表 3-54。

表 3-54　调速器参数的说明与计算结果(比较复核方案)

工况编号	调速器参数			负荷自调节系数	机组	调节时间(s)	最大转速偏差
	T_d(s)	b_t	T_n(s)	e_g		(±0.2%)	(r/min)
1	5	0.40	1.0	0	1#	>1 500.00	18.07
					2#	>1 500.00	18.13
					3#	>1 500.00	17.93
2	6	0.45	0.9	0	1#	28.8	17.81
					2#	28.8	17.87
					3#	28.8	17.72
3	4	0.40	1.0	0	1#	>1 500.00	18.31
					2#	>1 500.00	18.37
					3#	>1 500.00	18.18
4	6	0.50	1.2	0	1#	31.2	17.45
					2#	31.2	17.52
					3#	30.4	17.3
5	6	0.39	0.9	0	1#	>1 500.00	18.05
					2#	>1 500.00	18.11
					3#	>1 500.00	17.91
6	5	0.41	1.0	0	1#	>1 500.00	18.03
					2#	>1 500.00	18.09
					3#	>1 500.00	17.88
7	6	0.50	1.0	0	1#	32.4	17.07
					2#	32.4	17.15
					3#	32.4	16.97

最终设计方案下调速器参数首先按照斯坦因建议公式取值,即 $T_n=0.5T_w$,$b_p+b_t=1.5T_w/T_a$,$T_d=3T_w$,其中 T_w 取最长管线机组至调压室间的水流加速时间常数(1.892 8 s),T_a 为机组加速时间常数(6.659 s)。经过计算和分析,初步选取调速器参数如下:T_n = 0.9 s,b_t =0.45,T_d =6.0 s,T_y =0.02 s,b_p =0,电网负荷自调节系数 e_g 取0,即小波动计算不考虑外界电网的调节作用。以 X1 工况基础,对调速器参数进行敏感性分析,计算了 6 组调速器参数,计算结果见表 3-55。

表 3-55 调速器参数的说明与计算结果(最终设计方案)

工况编号	调速器参数			负荷自调节系数	机组	调节时间(s)(±0.2%)	最大转速偏差(r/min)
	T_d(s)	b_t	T_n(s)	e_g			
1	6	0.45	0.9	0	1#	46.4	19.16
					2#	45.6	20.22
					3#	46.4	19.71
2	6	0.5	1	0	1#	72	18.86
					2#	61.6	19.95
					3#	70.4	19.41
3	5	0.42	0.9	0	1#	23.2	19.46
					2#	23.2	20.52
					3#	23.2	20
4	4	0.45	1.1	0	1#	13.6	19.27
					2#	13.6	20.4
					3#	13.6	19.84
5	4	0.42	0.9	0	1#	12.8	19.73
					2#	13.6	20.78
					3#	12.8	20.28
6	5	0.5	1.2	0	1#	26.4	18.75
					2#	26.4	19.9
					3#	26.4	19.29

调速器参数缓冲时间常数 T_d 和暂态转差率 b_t 是影响水电站调节系统稳定性和调节品质的两个重要参数。通常其值越大,系统的稳定性越好,但最大转速偏差大,速动性差;若取小值,则系统的速动性好,而稳定性变差。本计算主要依据进入 ±0.2% 稳定带宽的调节时间和转速波动的波形特点来估计调速器参数的优劣。

根据上述计算结果,在采用比较复核方案情况下,建议采用表 3-54 中的第 2 组调速器参数;在采用调压室最终设计方案情况下,建议采用表 3-55 中的第 4 组调速器参数,在此参数附近取值均能得到比较好的结果。调速器的主要参数选择为调速器缓冲时间常数 $T_d = 4.0$ s,暂态转差率 $b_t = 0.45$,测频微分时间常数 $T_n = 1.1$ s,接力器反应时间常数 $T_y = 0.02$ s,永态转差率 $b_p = 0$,电网负荷自调节系数 e_g 取 0,即小波动计算不考虑外界电网的调节作用。

3.2.3.3 小波动过渡过程计算结果及分析

根据比较复核方案和表 3-54 中的第 2 组调速器参数,对各工况进行了详细的数值计算,结果见表 3-56 和表 3-57。

表 3-56　　机组转速特征值计算结果(比较复核方案)

工况	机组	N_{max}或N_{min}(r/min)	发生时刻(s)	N_1(r/min)	发生时刻(s)	N_2(r/min)	发生时刻(s)	±0.2%调节时间(s)	最大偏差(r/min)	振荡次数	衰减度	超调量
X1	1#	446.41	3.2	428.47	322.4	428.64	589.6	28.8	17.81	0.5	1	0.01
	2#	446.47	3.2	428.47	322.4	428.64	589.6	28.8	17.87	0.5	1	0.01
	3#	446.32	3.2	428.47	322.4	428.64	589.6	28.8	17.72	0.5	1	0.01
X2	1#	446.31	3.2	428.47	322.4	428.64	589.6	28.8	17.71	0.5	1	0.01
	2#	446.37	3.2	428.47	322.4	428.64	589.6	28.8	17.77	0.5	1	0.01
	3#	446.23	3.2	428.47	322.4	428.64	589.6	28.8	17.63	0.5	1	0.01
X3	1#	438.69	2.4	428.52	266.4	428.63	501.6	18.4	10.09	0.5	1	0.01
	2#	438.72	2.4	428.52	266.4	428.63	501.6	18.4	10.12	0.5	1	0.01
	3#	438.68	2.4	428.52	266.4	428.63	501.6	18.4	10.08	0.5	1	0.01
X4	1#	438.66	2.4	428.52	266.4	428.63	501.6	18.4	10.06	0.5	1	0.01
	2#	438.68	2.4	428.52	266.4	428.63	501.6	18.4	10.08	0.5	1	0.01
	3#	438.64	2.4	428.52	266.4	428.63	501.6	18.4	10.04	0.5	1	0.01
X5	1#	434.35	2.4	428.57	236	428.61	470.4	13.6	5.75	0.5	1	0.01
	2#	434.36	2.4	428.57	236	428.61	470.4	13.6	5.76	0.5	1	0.01
	3#	434.34	2.4	428.57	236	428.61	470.4	13.6	5.74	0.5	1	0.01
X6	1#	434.36	2.4	428.57	236	428.61	470.4	13.6	5.76	0.5	1	0.01
	2#	434.37	2.4	428.57	236	428.61	470.4	13.6	5.77	0.5	1	0.01
	3#	434.36	2.4	428.57	236	428.61	470.4	13.6	5.76	0.5	1	0.01

表 3-57　　调压室水位特征值计算结果(比较复核方案)

工况	初始水位(m)	最高涌浪水位(m)	发生时间(s)	最低涌浪水位(m)	发生时间(s)	向上最大振幅(m)	向下最大振幅(m)
X1	2 686.04	2 707.25	209.6	2 700.41	480	21.21	0.01
X2	2 685.1	2 706.22	208.8	2 699.36	479.2	21.12	0.01
X3	2 711.87	2 722.11	159.2	2 716.63	398.4	10.24	0
X4	2 710.84	2 721.04	159.2	2 715.56	398.4	10.21	0
X5	2 724.89	2 730.01	139.2	2 726.34	367.2	5.13	0
X6	2 723.61	2 728.75	139.2	2 725.08	367.2	5.15	0

根据最终设计方案和表 3-55 中的第 4 组调速器参数,对各工况进行了详细的数值计

算，结果见表 3-58 和表 3-59。

表 3-58 机组转速特征值计算结果（最终设计方案）

工况	机组	N_{max}或N_{min}(r/min)	发生时刻(s)	N_1(r/min)	发生时刻(s)	N_2(r/min)	发生时刻(s)	±0.2%调节时间(s)	最大偏差(r/min)	振荡次数	衰减度	超调量
X1	1#	447.87	3.2	428.53	353.6	428.61	640.8	13.6	19.27	0.5	1	0
	2#	449	3.2	428.53	353.6	428.61	640.8	13.6	20.4	0.5	1	0
	3#	448.44	3.2	428.53	353.6	428.61	640.8	13.6	19.84	0.5	1	0
X2	1#	447.69	3.2	428.53	353.6	428.61	640.8	13.6	19.09	0.5	1	0
	2#	448.8	3.2	428.53	353.6	428.61	640.8	13.6	20.2	0.5	1	0
	3#	448.26	3.2	428.53	353.6	428.61	640.8	12.8	19.66	0.5	1	0
X3	1#	438.44	2.4	428.55	287.2	428.61	539.2	12	9.84	0.5	1	0
	2#	438.72	2.4	428.55	287.2	428.61	539.2	12	10.12	0.5	1	0
	3#	438.6	2.4	428.55	287.2	428.61	539.2	12	10	0.5	1	0
X4	1#	438.58	2.4	428.55	287.2	428.62	540	12	9.98	0.5	1	0
	2#	438.87	2.4	428.55	287.2	428.62	540	12	10.27	0.5	1	0
	3#	438.74	2.4	428.55	287.2	428.62	540	12	10.14	0.5	1	0
X5	1#	434.59	2.4	428.51	16	428.68	29.6	11.2	5.99	0.5	0.99	0.01
	2#	434.71	2.4	428.51	16	428.68	29.6	11.2	6.11	0.5	0.99	0.01
	3#	434.66	2.4	428.51	16	428.68	29.6	11.2	6.06	0.5	0.99	0.02
X6	1#	434.75	2.4	428.52	16	428.69	29.6	11.2	6.15	0.5	0.99	0.01
	2#	434.87	2.4	428.52	16	428.69	29.6	11.2	6.27	0.5	0.99	0.01
	3#	434.82	2.4	428.51	16	428.69	29.6	11.2	6.22	0.5	0.99	0.01

表 3-59 调压室水位特征值计算结果（最终设计方案）

工况	初始水位(m)	最高涌浪水位(m)	发生时间(s)	最低涌浪水位(m)	发生时间(s)	向上最大振幅(m)	向下最大振幅(m)
X1	2 687.76	2 709.26	239.72	2 687.75	0.88	21.51	0.01
X2	2 685.41	2 706.71	238.88	2 685.41	0.88	21.3	0.01
X3	2 714.88	2 723.69	176.44	2 714.87	0.84	8.82	0
X4	2 711.44	2 720.45	177.36	2 711.44	0.84	9.02	0
X5	2 727.08	2 732.48	152.24	2 727.08	0.84	5.4	0
X6	2 723.61	2 729.13	154.6	2 723.61	0.84	5.52	0

由上述结果可知,在采用调压室最终设计方案的情况下,采用表 3-54 中的第 4 组调速器参数能使得机组在额定工作点(一般情况下是机组稳定性的控制工况)的小波动稳定性很好,直接采用斯坦因公式计算得到的调速器参数,机组能在很短的时间进入稳定带宽,且震荡次数、衰减度和超调量均满足设计要求。

3.2.4 水力干扰过渡过程

3.2.4.1 计算参数及计算内容

在水力干扰过渡过程的计算中考虑了机组接入有限电网,在电网中担负调频的任务,其能力将影响电网的供电质量,数值计算的目的就是研究运行机组在受扰动情况下的调节品质。

3.2.4.2 计算工况

根据电站的布置,比较复核方案拟定水力干扰过渡过程的计算工况如下:

工况 GR1:上游水位 2 743.00 m,下游水位 2 368.90 m,额定水头,2 台机正常运行,1 台机甩全负荷。

工况 GR2:上游水位 2 741.80 m,下游水位 2 368.90 m,最小水头,2 台机正常运行,1 台机甩全负荷。

工况 GR3:上游水位 2 743.00 m,下游水位 2 368.90 m,额定水头,3 台机正常运行,其中 2 台机甩全负荷。

工况 GR4:上游水位 2 741.80 m,下游水位 2 368.90 m,最小水头,3 台机正常运行,其中 2 台机甩全负荷。

工况 GR5:上游水位 2 743.00 m,下游水位 2 369.40 m,水头 346.50 m,2 台机正常运行,其中 1 台机增全负荷。

工况 GR6:上游水位 2 741.80 m,下游水位 2 369.40 m,水头 344.90 m,2 台机正常运行,其中 1 台机增全负荷。

最终设计方案拟定水力干扰过渡过程的计算工况如下:

工况 GR1:上游水位 2 743.00 m,下游水位 2 368 m,额定水头,2 台机正常运行,1 台机甩全负荷。

工况 GR2:上游水位 2 740.00 m,下游水位 2 368 m,最小水头,2 台机正常运行,1 台机甩全负荷。

工况 GR3:上游水位 2 743.00 m,下游水位 2 368 m,额定水头,3 台机正常运行,其中 2 台机甩全负荷。

工况 GR4:上游水位 2 740.00 m,下游水位 2 368 m,最小水头,3 台机正常运行,其中 2 台机甩全负荷。

工况 GR5:上游水位 2 743.00 m,下游水位 2 368 m,水头 351.54 m,2 台机正常运行,其中 1 台机增全负荷。

工况 GR6:上游水位 2 740.00 m,下游水位 2 368 m,水头 348.18 m,2 台机正常运行,其中 1 台机增全负荷。

3.2.4.3 水力干扰过渡过程计算结果及分析

(1)比较复核方案

比较复核方案情况下,运行机组调速器参与频率调节即机组接入有限电网,在电网中担负调频的任务,其能力将影响电网的供电质量,调速器跟踪运行机组频率进行调节。据此,得到水力干扰过渡过程数值计算结果,见表 3-60 和表 3-61。

表 3-60 正常运行机组参数计算结果(比较复核方案,调速器参与动作)

工况代号	运行机组	初始出力(MW)	最大出力(MW)	最小出力(MW)	向上最大偏差(MW)	向下最大偏差(MW)	最大摆动幅度(MW)	±0.2%调节时间(s)	转速最大偏差(r/min)
GR1	1#	71.72	81.92	64.3	10.2	7.42	17.61	104.8	14.2
	2#	72.13	82.59	64.63	10.46	7.5	17.96	105.6	14.3
GR2	1#	71.34	80.95	63.93	9.61	7.41	17.02	105.6	14.25
	2#	71.33	81.72	63.84	10.38	7.49	17.87	104.8	14.51
GR3	1#	71.56	85.93	61.13	14.37	10.44	24.8	531.2	21.26
GR4	1#	71.18	85.51	60.75	14.33	10.43	24.76	512.8	21.25
GR5	1#	71.32	74.31	65.98	2.99	5.34	8.33	120.8	7.83
	2#	71.39	74.43	65.49	3.04	5.89	8.94	120.8	7.92
GR6	1#	71.45	74.44	65.54	3	5.91	8.91	127.2	7.91
	2#	71.51	74.54	65.57	3.03	5.94	8.97	127.2	8

表 3-61 调压室波动参数计算结果(比较复核方案,调速器参与动作)

工况代号	初始水位(m)	最高水位(m)	最高水位发生时间(s)	最低水位(m)	最低涌浪水位发生时间(s)	向下最大振幅(m)	向上最大振幅(m)
GR1	2 686.04	2 742.07	175.88	2 686.03	0.96	56.03	0.01
GR2	2 685.1	2 741.15	175.6	2 685.1	0.92	56.05	0.01
GR3	2 686.15	2 750.21	238.28	2 686.14	0.92	64.06	0.01
GR4	2 685.21	2 750.08	226.48	2 685.21	0.92	64.87	0.01
GR5	2 718.07	2 718.07	0.04	2 675.05	177.04	0	43.02
GR6	2 716.62	2 716.62	0.04	2 673.48	178.36	0	43.15

(2)最终设计方案

1)调速器参与动作。采用最终设计方案条件下,频率调节的水力干扰计算结果见表3-62和表3-63。

表3-62　正常运行机组参数计算结果(最终设计方案,调速器参与动作)

工况代号	运行机组	初始出力(MW)	最大出力(MW)	最小出力(MW)	向上最大偏差(MW)	向下最大偏差(MW)	最大摆动幅度(MW)	±0.2%调节时间(s)	转速最大偏差(r/min)
GR1	1#	72.4	83.32	67.9	10.91	4.51	15.42	85.6	18.06
	2#	71.45	83.62	66.65	12.17	4.8	16.97	82.4	19.66
GR2	1#	71.44	82.2	66.91	10.76	4.53	15.29	86.4	18.03
	2#	70.5	82.5	65.68	12	4.82	16.82	84	19.62
GR3	1#	72.4	89.59	65.18	17.18	7.22	24.41	92	27.2
GR4	1#	71.44	88.45	64.29	17.01	7.15	24.16	96.8	27.15
GR5	1#	71.94	74.04	68.32	2.09	3.63	5.72	130.4	4.41
	2#	71.83	73.98	67.99	2.15	3.84	5.99	130.4	4.44
GR6	1#	71.82	73.9	68.16	2.09	3.66	5.75	143.2	4.5
	2#	71.7	73.86	67.8	2.15	3.9	6.06	143.2	4.52

表3-63　调压室波动参数计算结果(最终设计方案,调速器参与动作)

工况代号	初始水位(m)	最高水位(m)	最高水位发生时间(s)	最低水位(m)	最低涌浪水位发生时间(s)	向下最大振幅(m)	向上最大振幅(m)
GR1	2 687.76	2 737.93	200.48	2 687.75	1.04	0.09	1.36
GR2	2 685.41	2 735.19	199.8	2 685.41	1.04	0.09	1.35
GR3	2 687.76	2 749.76	236.16	2 687.75	0.92	0.52	4.53
GR4	2 685.41	2 749.45	215.84	2 685.41	0.92	0.65	4.48
GR5	2 722.68	2 722.68	0.04	2 679.78	210.6	1.18	0.02
GR6	2 719.37	2 719.37	0.04	2 676.07	214.6	1.17	0.02

2)调速器不参与动作。采用最终设计方案条件下,开度调节的水力干扰计算结果见表3-64和表3-65。

表 3-64　　正常运行机组参数计算结果(最终设计方案,调速器不参与动作)

工况代号	运行机组	初始出力(MW)	最大出力(MW)	最小出力(MW)	向上最大偏差(MW)	向下最大偏差(MW)	最大摆动幅度(MW)
GR1	1#	72.4	86.86	70.85	14.46	1.55	16.01
	2#	71.45	86.95	69.91	15.5	1.54	17.04
GR2	1#	71.44	85.74	69.9	14.3	1.54	15.84
	2#	70.5	85.83	68.97	15.33	1.53	16.86
GR3	1#	72.4	98.67	70.85	26.27	1.55	27.82
GR4	1#	71.44	98.55	69.9	27.11	1.54	28.65
GR5	1#	71.94	85.06	60.25	13.12	11.69	24.81
	2#	71.83	85.56	61.06	13.73	10.77	24.5
GR6	1#	71.82	83.62	60.84	11.8	10.98	22.78
	2#	71.7	84.05	61.61	12.35	10.09	22.44

表 3-65　　调压室波动参数计算结果(最终设计方案,调速器不参与动作)

工况代号	初始水位(m)	最高水位(m)	最高水位发生时间(s)	最低水位(m)	最低涌浪水位发生时间(s)	向下最大振幅(m)	向上最大振幅(m)
GR1	2 687.76	2 721.24	177.56	2 687.75	0.96	0.02	0.97
GR2	2 685.41	2 718.61	177.12	2 685.41	1	0.02	0.95
GR3	2 687.76	2 748.79	189.44	2 687.75	0.92	0.31	3.93
GR4	2 685.41	2 748.53	178.68	2 685.41	0.92	0.33	3.89
GR5	2 722.68	2 722.68	0.04	2 680.02	166.04	1.85	0.02
GR6	2 719.37	2 719.37	0.04	2 677.76	165.8	1.76	0.02

由上述频率调节和开度调节水力干扰过渡过程计算结果,表明 2 台机甩(增)负荷对正常运行的机组的影响比较大,1 台机甩(增)负荷的影响相对较小。

调速器参与动作的水力干扰过渡过程,正常运行机组在受到其他机组的干扰后,其出力最大振幅可达 24.41 MW,调速器不参与动作的水力干扰过渡过程,正常运行机组在受到其他机组的干扰后,其出力最大振幅可达 28.65 MW,说明两台机突甩负荷时对第 3 台机组的运行还是比较大的,但是持续时间比较短,并且波动是收敛的,进入 0.2% 带宽的时间视工况最大为 143.2 s,说明齐热哈塔尔水电站的引水发电系统具有一定的抗水力干扰能力,运行是稳定可靠的,推荐采用调速器参与动作的频率调节方式。

3.3 JH 水电站过渡过程计算

3.3.1 引水发电系统参数

3.3.1.1 计算简图和管道参数

JH 一级电站引水发电系统的水力—机械过渡过程计算所需的管道参数计算简图如图 3-16 所示，管道参数见表 3-66。

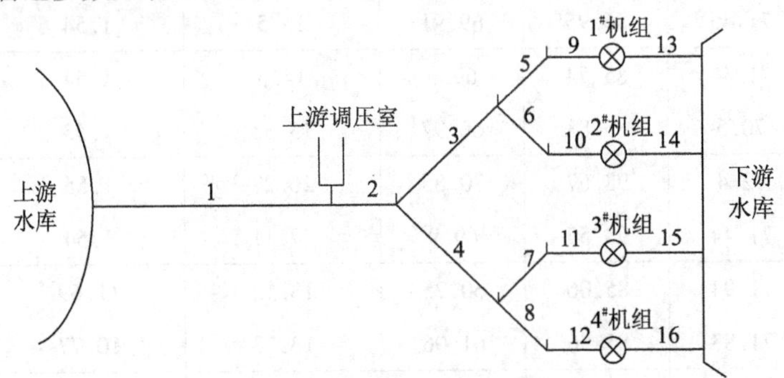

图 3-16 计算简图

表 3-66 引水系统管道参数

管道	长度(m)	当量管径(m)	面积(m^2)	波速(m/s)	局部水头损失系数	糙率	备注
1	7 587.18	6.20	30.19	1 000	0.842 4	0.012 ~ 0.016	压力引水道
2	828.157	6.20	30.19	1 200	0.899 9	0.011 ~ 0.013	压力管道
3	56.291	4.20	13.85	1 200	0.703 0	0.011 ~ 0.013	
4	56.291	4.20	13.85	1 200	0.703 0	0.011 ~ 0.013	
5	37.712	2.00	3.14	1 200	0.299 0	0.011 ~ 0.013	
6	37.712	2.00	3.14	1 200	0.299 0	0.011 ~ 0.013	
7	37.712	2.00	3.14	1 200	0.299 0	0.011 ~ 0.013	
8	37.712	2.00	3.14	1 200	0.299 0	0.011 ~ 0.013	
9	12.372	1.75	2.41	1 200	0	0	蜗壳
10	12.372	1.75	2.41	1 200	0	0	
11	12.372	1.75	2.41	1 200	0	0	
12	12.372	1.75	2.41	1 200	0	0	
13	21.152	3.81	11.41	1 200	0.285 4	0	尾水管
14	21.152	3.81	11.41	1 200	0.285 4	0	
15	21.152	3.81	11.41	1 200	0.285 4	0	
16	21.152	3.81	11.41	1 200	0.285 4	0	

3.3.1.2 恒定流水头损失计算

额定流量下,2 台机组正常运行时,整个引水发电系统局部水头损失计算见表 3-67。

表 3-67 局部水头损失计算

分段	部位	ζ	$Q(m^3/s)$	$D(m)$	$A(m^2)$	$v(m/s)$	$h_m(m)$
进口段	进水口	0.100 0	61.50	5.2×13.256	68.93	0.892	0.004
	拦污栅	0.200 0	61.50	5.2×13.256	68.93	0.892	0.008
	对称 Y 形分岔	0.750 0	123.00	6.2×6.2	38.44	3.200	0.391
	平板门槽	0.100 0	123.00	6.2×6.2	38.44	3.200	0.052
	方变圆渐缩段	0.050 0	123.00	6.20	30.19	3.637	0.034
至上游调压室	35°圆弧弯道	0.081 8	123.00	6.20	30.19	4.074	0.069
	55°圆弧弯道	0.102 4	123.00	6.20	30.19	4.074	0.087
	圆变方渐缩段	0.100 0	123.00	6.20	30.19	3.637	0.067
调压室至1#岔管	闸门井	0.100 0	123.00	6.20	38.44	3.200	0.052
	方变圆渐缩段	0.050 0	123.00	6.20	30.19	3.637	0.034
	60°圆弧上弯道	0.109 2	123.00	6.20	30.19	4.074	0.092
	60°圆弧下弯道	0.109 2	123.00	6.20	30.19	4.074	0.092
	圆断面渐缩小	0.010 0	123.00	6.20	30.19	4.074	0.008
	对称 Y 形分岔	0.500 0	123.00	6.00	28.27	4.350	0.482
1#岔管至2#岔管	37°圆弧弯道	0.085 2	61.50	4.20	13.85	4.439	0.086
	圆断面渐缩小	0.010 0	61.50	4.20	13.85	4.439	0.010
	对称 Y 形分岔	0.500 0	61.50	4.00	12.57	4.894	0.610
2#岔管至球阀前	圆断面渐缩小	0.020 0	30.75	2.80	6.16	4.994	0.025
	37°圆弧弯道	0.085 4	30.75	2.20	3.80	8.089	0.285
球阀	球阀	0.235 4	30.75	2.00	3.14	9.788	1.149
尾水管	尾水洞出口	1.000 0	30.75	6.1×3.5	21.35	1.440	0.106

根据《水电站调压室设计规范》(NB/T 35021—2014)上游水库至下游水库在不同糙率情况下总水头损失见表 3-68。

表 3-68 恒定流水头损失

糙率	最小糙率	平均糙率	最大糙率
1#机水头损失(m)	16.034	20.098	24.761
2#机水头损失(m)	16.034	20.098	24.761
3#机水头损失(m)	16.034	20.098	24.761
4#机水头损失(m)	16.034	20.098	24.761

3.3.1.3 调压室稳定断面计算

不考虑调速器的作用,假定机组出力为常数时得到的上游调压室的托马稳定断面面积的理论计算公式如下:

$$F_{th}=\frac{Lf}{2g\left(\alpha+\frac{1}{2g}\right)(H_0-h_{w0}-3h_{wm})}$$

压力引水道等效长度和等效断面面积的乘积 $Lf=229\ 062.316\ m^3$,上游水库至上游调压室水头损失系数为 $\alpha=0.652\ s^2/m$,发电最小毛水头 $H_0=308.876\ m$,压力引水道水头损失 $h_{w0}=10.635\ m$,压力管道水头损失 $h_{wm}=5.940\ m$,计算得托马稳定断面面积 $F_{th}=59.225\ m^2$,而上游调压室最小面积为 $92.168\ m^2$,大于计算所得上游调压室的托马稳定断面,满足稳定要求。

3.3.2 大波动过渡过程

3.3.2.1 计算工况

为了确定机组的调保参数和上游调压室和尾水调压洞的最高、最低涌浪水位及沿管线的最大、最小压力分布,需要选择大波动过渡过程的控制工况,并在优化导叶关闭规律的前提下,对设计方案进行详细的计算和分析,得出相应结论。

(1)机组最大转速升高计算工况

机组最大转速升高的计算工况包括水位条件:上游满发最低水位,下游相应水位。

1)控制工况

A-SJ-1:同一压力主管上的相关机组在额定水头下发额定功率,所有机组同时甩负荷,导叶全关。

A-SJ-3-(1):同一压力主管上的相关机组在额定水头下,1 台机发电状态,另 3 台机组同时甩负荷,导叶全关。

A-SJ-3-(2):同一压力主管上的相关机组在额定水头下,2 台机发电状态,另 2 台机组同时甩负荷,导叶全关。

A-SJ-3-(3):同一压力主管上的相关机组在额定水头下,3 台机发电状态,另 1 台机组甩负荷,导叶全关。

A-JH-1:同一压力主管上的相关机组在额定水头下发额定功率,所有机组同时甩负荷,其中一台机组导叶拒动。

A-JH-2-(1):同一压力主管上的全部机组由 3 台增至 4 台,调压室水位最高时,全部机组同时甩负荷。

A-JH-2-(2):同一压力主管上的全部机组由 2/3 额定负荷突增至额定负荷后,调压室水位最高时,全部机组同时甩负荷。

A-JH-3-(1):同一压力主管上的全部机组由 3 台增至 4 台,流入调压室的流量最大时,全部机组同时甩负荷。

A-JH-3-(2):同一压力主管上的全部机组由 2/3 额定负荷突增至额定负荷后,流入调压室的流量最大时,全部机组同时甩负荷。

A-JH-4:同一压力主管上的相关机组在额定水头下,4 台机组相继甩负荷。

A－JH－5:同一压力主管上的相关机组在额定水头下,4 台机组相继开机。

A－JH－8－(1):同一压力主管上的相关机组在额定水头下,1 台机正常发电状态,另 3 台机组相继开机。

A－JH－8－(2):同一压力主管上的相关机组在额定水头下,2 台机正常发电状态,另 2 台机组相继开机。

A－JH－8－(3):同一压力主管上的相关机组在额定水头下,3 台机正常发电状态,另 1 台机组开机。

2)其他工况

A－SJ－2－(1):同一压力主管上的相关机组在额定水头下,1 台机停机状态,另 3 台机组同时甩负荷,导叶全关。

A－SJ－2－(2):同一压力主管上的相关机组在额定水头下,2 台机停机状态,另 2 台机组同时甩负荷,导叶全关。

A－SJ－2－(3):同一压力主管上的相关机组在额定水头下,3 台机停机状态,另 1 台机组甩负荷,导叶全关。

A－JH－6:同一压力主管上的相关机组在额定水头下,3 台机停机状态,另 1 台机组开机后再甩负荷。

A－JH－7－(1):同一压力主管上的相关机组在额定水头下,1 台机停机状态,另 3 台机组相继开机。

A－JH－7－(2):同一压力主管上的相关机组在额定水头下,2 台机停机状态,另 2 台机组相继开机。

A－JH－7－(3):同一压力主管上的相关机组在额定水头下,3 台机停机状态,另 1 台机组开机。

但是,在上游满发最低水位,下游相应水位的水位条件下,只要有 1 台机组处于停机状态,其他机组在额定水头下发额定功率时的上游水位低于上游死水位,故以上其他工况实际不存在。

(2)蜗壳最大压力升高计算工况

蜗壳最大压力升高的计算工况包括水位条件:上游正常蓄水位,下游相应水位。

B－SJ－1:最大发电水头时,同一压力主管上的相关机组发额定功率,所有机组同时甩负荷,导叶全关。

B－SJ－2－(1):同一压力主管上的相关机组,1 台机停机状态,另 3 台机组同时甩负荷,导叶全关。

B－SJ－2－(2):同一压力主管上的相关机组,2 台机停机状态,另 2 台机组同时甩负荷,导叶全关。

B－SJ－2－(3):同一压力主管上的相关机组,3 台机停机状态,另 1 台机组甩负荷,导叶全关。

B－SJ－3－(1):同一压力主管上的相关机组,1 台机发电状态,另 3 台机组同时甩负荷,导叶全关。

B－SJ－3－(2):同一压力主管上的相关机组,2 台机发电状态,另 2 台机组同时甩负荷,导叶全关。

B－SJ－3－(3):同一压力主管上的相关机组,3 台机发电状态,另 1 台机组甩负荷,导叶全关。

B－SJ－4－(1):同一压力主管上的相关机组,1 台机停机状态,另 3 台机组突然甩 1/2 额定负荷。

B－SJ－4－(2):同一压力主管上的相关机组,2 台机停机状态,另 2 台机组突然甩 1/2 额定负荷。

B－SJ－4－(3):同一压力主管上的相关机组,3 台机停机状态,另 1 台机组突然甩 1/2 额定负荷。

B－JH－1－(1):上游为校核洪水位,下游为校核洪水位时,同一压力主管上的相关机组在发额定功率,所有机组同时甩负荷,导叶全关。

B－JH－1－(2):上游为设计洪水位,下游为设计洪水位时,同一压力主管上的相关机组在发额定功率,所有机组同时甩负荷,导叶全关。

B－JH－2－(1):同一压力主管上的全部机组由 3 台增至 4 台,调压室水位最高时,全部机组同时甩负荷。

B－JH－2－(2):同一压力主管上的全部机组由 2/3 额定负荷突增至额定负荷后,调压室水位最高时,全部机组同时甩负荷。

B－JH－3－(1):上游为校核洪水位,下游为校核洪水位时,同一压力主管上的全部机组由 3 台增至 4 台,调压室水位最高时,全部机组同时甩负荷。

B－JH－3－(2):上游为校核洪水位,下游为校核洪水位时,同一压力主管上的全部机组由 2/3 额定负荷突增至额定负荷后,调压室水位最高时,全部机组同时甩负荷。

B－JH－3－(3):上游为设计洪水位,下游为设计洪水位时,同一压力主管上的全部机组由 3 台增至 4 台,调压室水位最高时,全部机组同时甩负荷。

B－JH－3－(4):上游为设计洪水位,下游为设计洪水位时,同一压力主管上的全部机组由 2/3 额定负荷突增至额定负荷后,调压室水位最高时,全部机组同时甩负荷。

B－JH－4:同一压力主管上的相关机组发额定功率,4 台机组相继甩负荷。

B－JH－6:同一压力主管上的相关机组相继开机。

B－JH－7:同一压力主管上的相关机组,3 台机停机状态,另 1 台机组开机后再甩负荷。

B－JH－8－(1):同一压力主管上的相关机组,1 台机停机状态,另 3 台机组相继开机。

B－JH－8－(2):同一压力主管上的相关机组,2 台机停机状态,另 2 台机组相继开机。

B－JH－8－(3):同一压力主管上的相关机组,3 台机停机状态,另 1 台机组开机。

B－JH－9－(1):同一压力主管上的相关机组,1 台机正常发电状态,另 3 台机组相继开机。

B－JH－9－(2):同一压力主管上的相关机组,2 台机正常发电状态,另 2 台机组相继开机。

B－JH－9－(3):同一压力主管上的相关机组,3台机正常发电状态,另1台机组开机。

(3)尾水管进口最大真空计算工况

尾水管进口最大真空的计算工况包括水位条件:上游发电最低水位,下游相应水位。

C－SJ－1:上游为死水位(即最低发电水位)时,同一压力主管上的相关机组发额定功率,所有机组同时甩负荷,导叶全关。

C－SJ－2－(1):同一压力主管上的相关机组,其中1台机停机状态,另3台机组同时甩负荷,导叶全关。

C－SJ－2－(2):同一压力主管上的相关机组,其中2台机停机状态,另2台机组同时甩负荷,导叶全关。

C－SJ－2－(3):同一压力主管上的相关机组,其中3台机停机状态,另1台机组甩负荷,导叶全关。

C－SJ－3－(1):同一压力主管上的相关机组,其中1台机发电状态,另3台机组同时甩负荷,导叶全关。

C－SJ－3－(2):同一压力主管上的相关机组,其中2台机发电状态,另2台机组同时甩负荷,导叶全关。

C－SJ－3－(3):同一压力主管上的相关机组,其中3台机发电状态,另1台机组甩负荷,导叶全关。

C－JH－1:同一压力主管上的相关机组发额定功率,4台机组相继甩负荷。

C－JH－2－(1):同一压力主管上的全部机组由3台增至4台,调压室水位最高时,全部机组同时甩负荷。

C－JH－2－(2):同一压力主管上的全部机组由2/3额定负荷突增至额定负荷后,调压室水位最高时,全部机组同时甩负荷。

C－JH－3:同一压力主管上的相关机组发额定功率,4台机组相继甩负荷。

C－JH－4－(1):同一压力主管上的全部机组由3台增至4台,调压室涌浪最低时,全部机组同时甩负荷。

C－JH－4－(2):同一压力主管上的全部机组由2/3额定负荷突增至额定负荷后,调压室涌浪最低时,全部机组同时甩负荷。

C－JH－5:同一压力主管上的相关机组相继开机。

C－JH－6:同一压力主管上的相关机组,其中3台机停机状态,另1台机组开机后再甩负荷。

C－JH－7－(1):同一压力主管上的相关机组,其中1台机停机状态,另3台机组相继开机。

C－JH－7－(2):同一压力主管上的相关机组,其中2台机停机状态,另2台机组相继开机。

C－JH－7－(3):同一压力主管上的相关机组,其中3台机停机状态,另1台机组开机。

C－JH－8－(1):同一压力主管上的相关机组,其中1台机正常发电状态,另3台机组相继开机。

C－JH－8－(2):同一压力主管上的相关机组,其中2台机正常发电状态,另2台机组相继开机。

C－JH－8－(3):同一压力主管上的相关机组,其中3台机正常发电状态,另1台机组开机。

(4)上游调压室最高涌浪计算工况

上游调压室最高涌浪的计算工况包括水位条件:上游正常蓄水位,下游相应水位。

B－SJ－1:最大发电水头时,同一压力主管上的相关机组发额定功率,所有机组同时甩负荷,导叶全关。

B－SJ－2－(1):同一压力主管上的相关机组,1台机停机状态,另3台机组同时甩负荷,导叶全关。

B－SJ－2－(2):同一压力主管上的相关机组,2台机停机状态,另2台机组同时甩负荷,导叶全关。

B－SJ－2－(3):同一压力主管上的相关机组,3台机停机状态,另1台机组甩负荷,导叶全关。

B－SJ－3－(1):同一压力主管上的相关机组,1台机发电状态,另3台机组同时甩负荷,导叶全关。

B－SJ－3－(2):同一压力主管上的相关机组,2台机发电状态,另2台机组同时甩负荷,导叶全关。

B－SJ－3－(3):同一压力主管上的相关机组,3台机发电状态,另1台机组甩负荷,导叶全关。

B－SJ－4－(1):同一压力主管上的相关机组,1台机停机状态,另3台机组突然甩1/2额定负荷。

B－SJ－4－(2):同一压力主管上的相关机组,2台机停机状态,另2台机组突然甩1/2额定负荷。

B－SJ－4－(3):同一压力主管上的相关机组,3台机停机状态,另1台机组突然甩1/2额定负荷。

B－JH－1－(1):上游为校核洪水位,下游为校核洪水位时,同一压力主管上的相关机组在发额定功率,所有机组同时甩负荷,导叶全关。

B－JH－1－(2):上游为设计洪水位,下游为设计洪水位时,同一压力主管上的相关机组在发额定功率,所有机组同时甩负荷,导叶全关。

B－JH－4:同一压力主管上的相关机组发额定功率,4台机组相继甩负荷。

B－JH－10－(1):上游为正常蓄水位时,同一压力主管上的全部机组由3台增至4台,流入调压室的流量最大时,全部机组同时甩负荷。

B－JH－10－(2):上游为正常蓄水位时,同一压力主管上的全部机组由2/3额定负荷突增至额定负荷后,流入调压室的流量最大时,全部机组同时甩负荷。

B－JH－11－(1):上游为最高水位时(即校核洪水位),同一压力主管上的全部机组由3台增至4台,流入调压室的流量最大时,全部机组同时甩负荷。

B－JH－11－(2)：上游为最高水位时(即校核洪水位)，同一压力主管上的全部机组由2/3额定负荷突增至额定负荷后，流入调压室的流量最大时，全部机组同时甩负荷。

(5)上游调压室最低涌浪计算工况

上游调压室最低涌浪的计算工况包括水位条件：上游发电最低水位，下游相应水位。

C－SJ－1：上游为死水位(即最低发电水位)时，共调压井的全部机组同时甩全部负荷，导叶全关，调压室涌浪的第二振幅(波谷)。

C－SJ－5－(1)：上游为死水位(即最低发电水位)时，同一压力主管上的全部机组由3台增至4台。

C－SJ－5－(2)：上游为死水位(即最低发电水位)时，同一压力主管上的全部机组由2/3额定负荷突增至额定负荷。

C－JH－1：同一压力主管上的相关机组发额定功率，4台机组相继甩负荷。

C－JH－5－(1)：上游为死水位时，同一压力主管上的相关机组同时开机。

C－JH－5－(2)：上游为死水位时，同一压力主管上的相关机组首尾相继开机。

C－JH－5－(3)：上游为死水位时，同一压力主管上的相关机组在流出调压井流量最大时相继开机。

C－JH－6：同一压力主管上的相关机组，3台机停机状态，另1台机组开机后再甩负荷。

C－JH－7－(1)：同一压力主管上的相关机组，1台机停机状态，另3台机组相继开机。

C－JH－7－(2)：同一压力主管上的相关机组，2台机停机状态，另2台机组相继开机。

C－JH－7－(3)：同一压力主管上的相关机组，3台机停机状态，另1台机组开机。

C－JH－8－(1)：同一压力主管上的相关机组，1台机正常发电状态，另3台机组相继开机。

C－JH－8－(2)：同一压力主管上的相关机组，2台机正常发电状态，另2台机组相继开机。

C－JH－8－(3)：同一压力主管上的相关机组，3台机正常发电状态，另1台机组开机。

C－JH－9－(1)：上游为死水位(即最低发电水位)时，同一压力主管上的全部机组由3台增至4台，流入上游调压室流量最大时，瞬间甩全负荷，导叶全关情况下的第二振幅。

C－JH－9－(2)：上游为死水位(即最低发电水位)时，同一压力主管上的全部机组由2/3额定负荷突增至额定负荷后，流入上游调压室流量最大时，瞬间甩全负荷，导叶全关情况下的第二振幅。

C－JH－10：上游为死水位(即最低发电水位)时，共调压井的全部机组同时丢弃全部负荷，导叶关至空载开度，在流出调压井流量最大时，1台机组启动，从空载增至满负荷。

3.3.2.2 导叶关闭规律优化

导叶关闭规律对水电站过渡过程有很大影响，尤其是蜗壳动水压力、尾水管真空度及机组转速升高率等机组参数与之有很大关系，因此，计算前有必要对导叶关闭规律进行优化。

根据设计要求,机组转动惯量取 1 500 t · m^2,选取以下 2 个典型工况来优化导叶关闭规律:

B－JH－1－(2):上游为设计洪水位,下游设计洪水位,同一压力主管上的相关机组在发额定功率,所有机组同时甩负荷,导叶全关。

A－SJ－1:上游满发最低水位,下游相应水位,同一压力主管上的相关机组在额定水头下发额定功率,所有机组同时甩负荷,导叶全关。

采用直线关闭规律,对上述两种工况,分别在 8、9、10、11、12 s 时间内关闭,计算结果见表 3-69。

表 3-69　**直线关闭典型工况计算结果**

导叶关闭时间(s)	工况 B－JH－1－(2)		工况 A－SJ－1	
	蜗壳末端最大压力(mH_2O)	机组转速最大上升率(%)	蜗壳末端最大压力(mH_2O)	机组转速最大上升率(%)
9	391.5	44.31	381.78	46.8
10	385.52	45.92	376.18	48.33
11	381.1	47.35	371.58	49.57
12	377.51	48.57	367.7	50.62
13	374.53	49.61	365.63	51.57

注:各调保参数极值选取 4 台机组的极值。

机组蜗壳最大压力和最大转速上升率控制标准分别为 416.63 mH_2O 和 60%,由以上计算结果可知,两个工况中不同的导叶关闭时间都能满足控制标准。由于采用 11 s 的导叶关闭时间可保证蜗壳最大压力和最大转速上升率均有较大裕度,因此,采用 11 s 的导叶关闭时间,关闭规律如图 3-17 所示。水轮机导叶开度为相对开度,相对开度的基值为额定开度(α = 18.84 mm),如 τ = 1 时绝对开度为 18.84 mm。

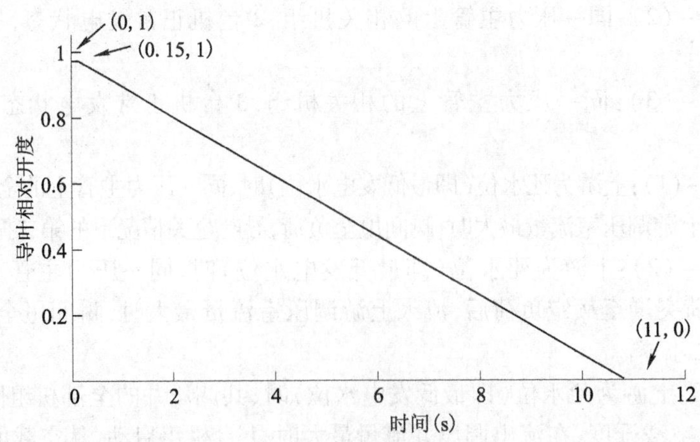

图 3-17　**导叶直线关闭规律**

增负荷时,有效增荷时间取 30 s,从空载开度增至额定开度,导叶开启规律如图 3-18 所示。

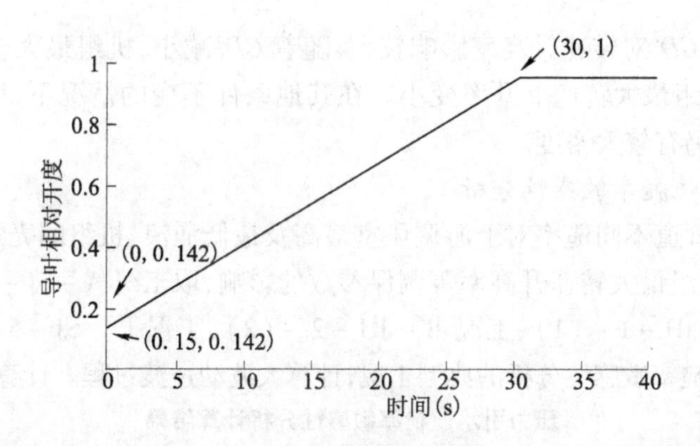

图 3-18 导叶开启规律

3.3.2.3 GD^2 敏感性分析

选取工况 A - SJ - 1 作为分析工况，分别计算 GD^2 在 1 500 t · m² 基础上 ±5%，±10%，结果见表 3-70。

表 3-70 GD^2 敏感性分析计算结果

GD^2 的变化率 (%)	GD^2 (t · m²)	机组号	蜗壳最大动水压力 (m)	尾水管最小压力 (m)	转速最大上升率 (%)
10	1 650	1	370.1(3.32)	7.44(1.6)	47.38(6.74)
		2	370.1(3.32)	7.44(1.6)	47.38(6.74)
		3	370.1(3.32)	7.44(1.6)	47.38(6.74)
		4	370.1(3.32)	7.44(1.6)	47.38(6.74)
5	1 575	1	370.86(3.24)	7.43(1.6)	48.46(6.6)
		2	370.86(3.24)	7.43(1.6)	48.46(6.6)
		3	370.86(3.24)	7.43(1.6)	48.46(6.6)
		4	370.86(3.24)	7.43(1.6)	48.46(6.6)
0	1 500	1	371.58(3.24)	7.43(1.6)	49.57(6.44)
		2	371.58(3.24)	7.43(1.6)	49.57(6.44)
		3	371.58(3.24)	7.43(1.6)	49.57(6.44)
		4	371.58(3.24)	7.43(1.6)	49.57(6.44)
-5	1 425	1	372.37(3.24)	7.42(1.6)	50.73(6.27)
		2	372.37(3.24)	7.42(1.6)	50.73(6.27)
		3	372.37(3.24)	7.42(1.6)	50.73(6.27)
		4	372.37(3.24)	7.42(1.6)	50.73(6.27)
-10	1 350	1	373.48(3.32)	7.39(1.6)	51.94(6.12)
		2	373.48(3.32)	7.39(1.6)	51.94(6.12)
		3	373.48(3.32)	7.39(1.6)	51.94(6.12)
		4	373.48(3.32)	7.39(1.6)	51.94(6.12)

注：表中括号内数字表示极值发生时刻，单位为 s。

由结果可知,GD^2对转速升高率影响较大,随着GD^2减小,机组最大转速上升率变大;随着GD^2增大,机组最大转速上升率变小。在其他条件不变的情况下,GD^2减少10%时,转速最大上升率仍有较大裕度。

3.3.2.4　输水系统糙率敏感性分析

为研究输水管道不同糙率对上游调压室最高及最低涌浪、机组蜗壳最大压力、机组尾水管最小压力、机组最大转速升高率等调保参数的影响,取工况A-SJ-1、工况A-JH-2-(2)、工况B-JH-1-(1)、工况B-JH-2-(2)、工况C-SJ-5-(2)、工况C-JH-10等工况为糙率敏感性分析的典型工况,计算大波动过渡过程。计算结果见表3-71。

表3-71　压力引水道糙率敏感性分析计算结果

工况	工况类别	糙率	蜗壳最大动水压力(m)	尾水管最小压力(m)	转速最大上升率(%)	上游调压室最高涌浪(m)	上游调压室最低涌浪(m)
A-SJ-1	甩负荷	最小糙率	371.61	-	49.58	-	-
		平均糙率	371.58	-	49.57	-	-
		最大糙率	371.58	-	49.57	-	-
A-JH-2-(2)	波动叠加(先增后甩)	最小糙率	379.13	-	50.51	-	-
		平均糙率	377.22	-	50.14	-	-
		最大糙率	375.53	-	49.81	-	-
B-JH-1-(1)	甩负荷	最小糙率	385.84	9.69	-	1 211.31	-
		平均糙率	381.99	9.84	-	1 210.74	-
		最大糙率	377.37	9.65	-	1 210.18	-
B-JH-2-(2)	波动叠加(先增后甩)	最小糙率	391.46	7.83	-	1 210.28	-
		平均糙率	384.93	8.41	-	1 209.77	-
		最大糙率	378.85	8.09	-	1 209.25	-
C-SJ-5-(2)	增负荷	最小糙率	312.97	9.46	-	-	1 159.61
		平均糙率	311.34	9.43	-	-	1 158.01
		最大糙率	309.42	9.39	-	-	1 156.14
C-JH-10	波动叠加(先甩后增)	最小糙率	360.35	7.69	-	-	1 132.53
		平均糙率	356.53	7.72	-	-	1 135.63
		最大糙率	352.26	7.71	-	-	1 138.52

由表3-71的计算结果可知:

(1)压力引水道糙率从最小变化至最大时,蜗壳最大动水压力相应减小,且变化幅度最大值为12.61 m(工况B-JH-2-(2)由391.46 m变化至378.85 m),因此,蜗壳最大动水压力的计算工况采用最小糙率。

(2)压力引水道糙率从最小变化至最大时,尾水管最小压力变化不大,因此,压力引水道糙率的变化对尾水管最小压力的敏感性小。

(3)对于工况 A－SJ－1 和工况 A－JH－2－(2),压力引水道糙率从最小变化至最大时,机组最大转速上升率变化不大,因此,压力引水道糙率对机组最大转速上升率的敏感性小。

(4)对于工况 B－JH－1－(1)和工况 B－JH－2－(2),压力引水道糙率从最小变化至最大时,上游调压室的最高涌浪相应减小,因此,上游调压室最高涌浪计算工况中的甩负荷工况和波动叠加工况采用最小糙率。

(5)对于工况 C－SJ－5－(2),压力引水道糙率从最小变化至最大时,上游调压室的最低涌浪相应减小,对于工况 C－JH－10,压力引水道糙率从最小变化至最大时,上游调压室的最低涌浪相应增大,因此,上游调压室最低涌浪计算工况中波动叠加工况采用最小糙率,增负荷工况采用最大糙率。

3.3.2.5 大波动过渡过程计算结果

(1)机组最大转速升高控制工况计算结果及分析

机组最大转速升高的计算工况包括水位条件:上游满发最低水位,下游相应水位。

A－SJ－1:同一压力主管上的相关机组在额定水头下发额定功率,所有机组同时甩负荷,导叶全关。

A－SJ－3－(1):同一压力主管上的相关机组在额定水头下,1 台机发电状态,另 3 台机组同时甩负荷,导叶全关。

A－SJ－3－(2):同一压力主管上的相关机组在额定水头下,2 台机发电状态,另 2 台机组同时甩负荷,导叶全关。

A－SJ－3－(3):同一压力主管上的相关机组在额定水头下,3 台机发电状态,另 1 台机组甩负荷,导叶全关。

A－JH－1:同一压力主管上的相关机组在额定水头下发额定功率,所有机组同时甩负荷,其中 1 台机组导叶拒动。

A－JH－2－(1):同一压力主管上的全部机组由 3 台增至 4 台,调压室水位最高时,全部机组同时甩负荷。

A－JH－2－(2):同一压力主管上的全部机组由 2/3 额定负荷突增至额定负荷后,调压室水位最高时,全部机组同时甩负荷。

A－JH－3－(1):同一压力主管上的全部机组由 3 台增至 4 台,流入调压室的流量最大时,全部机组同时甩负荷。

A－JH－3－(2):同一压力主管上的全部机组由 2/3 额定负荷突增至额定负荷后,流入调压室的流量最大时,全部机组同时甩负荷。

A－JH－4:同一压力主管上的相关机组在额定水头下,4 台机组相继甩负荷。

A－JH－5:同一压力主管上的相关机组在额定水头下,4 台机组相继开机。

A－JH－8－(1):同一压力主管上的相关机组在额定水头下,1 台机正常发电状态,另 3 台机组相继开机。

A－JH－8－(2):同一压力主管上的相关机组在额定水头下,2 台机正常发电状态,另2台机组相继开机。

A－JH－8－(3)：同一压力主管上的相关机组在额定水头下，3台机正常发电状态，另1台机组开机。

计算结果见表3-72。

表3-72 机组调保参数计算结果

工况	机组号	导叶初始开度(%)	机组初始水头(m)	机组初始流量(m^3/s)	机组初始出力(MW)	蜗壳最大动水压力(m)	尾水管最小压力(m)	转速最大上升率(%)
A－SJ－1	1	100.00	296.00	30.75	82.10	371.58 (3.24)	7.43 (1.6)	49.57 (6.44)
	2	100.00	296.00	30.75	82.10	371.58 (3.24)	7.43 (1.6)	49.57 (6.44)
	3	100.00	296.00	30.75	82.10	371.58 (3.24)	7.43 (1.6)	49.57 (6.44)
	4	100.00	296.00	30.75	82.10	371.58 (3.24)	7.43 (1.6)	49.57 (6.44)
A－SJ－3－(1)	1	100.00	296.00	30.75	82.10	345.77 (3.24)	7.73 (0.09)	0 (0.01)
	2	100.00	296.00	30.75	82.10	354.97 (3.24)	7.4 (1.6)	47 (6.53)
	3	100.00	296.00	30.75	82.10	356.99 (3.24)	7.39 (1.6)	47.34 (6.52)
	4	100.00	296.00	30.75	82.10	356.99 (3.24)	7.39 (1.6)	47.34 (6.52)
A－SJ－3－(2)	1	100.00	296.00	30.75	82.10	333.15 (103.22)	7.71 (0.09)	0 (0.01)
	2	100.00	296.00	30.75	82.10	333.15 (103.22)	7.71 (0.09)	0 (0.01)
	3	100.00	296.00	30.75	82.10	343.9 (3.32)	7.36 (1.6)	45.22 (6.58)
	4	100.00	296.00	30.75	82.10	343.9 (3.32)	7.36 (1.6)	45.22 (6.58)

续表 3-72

工况	机组号	导叶初始开度（%）	机组初始水头（m）	机组初始流量（m^3/s）	机组初始出力（MW）	蜗壳最大动水压力（m）	尾水管最小压力（m）	转速最大上升率（%）
A－SJ－3－(3)	1	100.00	296.00	30.75	82.10	322.96 (92.13)	7.71 (0.09)	0 (0.01)
	2	100.00	296.00	30.75	82.10	322.96 (92.13)	7.71 (0.09)	0 (0.01)
	3	100.00	296.00	30.75	82.10	323.65 (92.13)	7.73 (0.09)	0 (0.01)
	4	100.00	296.00	30.75	82.10	329.43 (3.32)	7.32 (1.6)	42.84 (6.63)
A－JH－1	1	100.00	296.00	30.75	82.10	355.74 (3.32)	7.56 (0.09)	69.14 (29.13)
	2	100.00	296.00	30.75	82.10	362.05 (3.24)	7.37 (1.6)	48.27 (6.58)
	3	100.00	296.00	30.75	82.10	363.18 (3.24)	7.4 (1.6)	48.43 (6.57)
	4	100.00	296.00	30.75	82.10	363.18 (3.24)	7.4 (1.6)	48.43 (6.57)
A－JH－2－(1)	1	14.16	305.29	4.47	0	374.66 (256.36)	9.01 (254.92)	49.64 (259.5)
	2	100.00	302.41	31.21	84.96	374.66 (256.36)	7.02 (0.09)	49.64 (259.5)
	3	100.00	301.84	31.17	84.70	374.66 (256.36)	7.5 (0.09)	49.64 (259.5)
	4	100.00	301.84	31.17	84.70	374.66 (256.36)	7.5 (0.09)	49.64 (259.5)
A－JH－2－(2)	1	60.91	307.68	19.95	54.73	377.22 (247.08)	7.84 (254.63)	50.14 (250.22)
	2	60.91	307.68	19.95	54.73	377.22 (247.08)	7.84 (254.63)	50.14 (250.22)
	3	60.91	307.68	19.95	54.73	377.22 (247.08)	7.84 (254.63)	50.14 (250.22)
	4	60.91	307.68	19.95	54.73	377.22 (247.08)	7.84 (254.63)	50.14 (250.22)

续表 3-72

工况	机组号	导叶初始开度（%）	机组初始水头（m）	机组初始流量（m^3/s）	机组初始出力（MW）	蜗壳最大动水压力（m）	尾水管最小压力（m）	转速最大上升率（%）
A－JH－3－(1)	1	14.16	305.29	4.47	0	367.96 (185.39)	7.93 (170.21)	48.31 (165.83)
	2	100.00	302.41	31.21	84.96	367.96 (185.39)	7.02 (0.09)	48.31 (165.83)
	3	100.00	301.84	31.17	84.70	367.96 (185.39)	7.5 (0.09)	48.31 (165.83)
	4	100.00	301.84	31.17	84.70	367.96 (185.39)	7.5 (0.09)	48.31 (165.83)
A－JH－3－(2)	1	60.91	307.68	19.95	54.73	365.08 (173.25)	7.95 (155.02)	47.57 (150.66)
	2	60.91	307.68	19.95	54.73	365.08 (173.25)	7.95 (155.02)	47.57 (150.66)
	3	60.91	307.68	19.95	54.73	365.08 (173.25)	7.95 (155.02)	47.57 (150.66)
	4	60.91	307.68	19.95	54.73	365.08 (173.25)	7.95 (155.02)	47.57 (150.66)
A－JH－4	1	100.00	296.00	30.75	82.10	354.53 (55.32)	7.32 (1.6)	42.84 (6.63)
	2	100.00	296.00	30.75	82.10	355.23 (46.46)	7.73 (0.09)	43.37 (17.56)
	3	100.00	296.00	30.75	82.10	359.19 (46.63)	7.71 (0.09)	44.9 (28.43)
	4	100.00	296.00	30.75	82.10	360.85 (43.51)	7.71 (0.09)	47.34 (39.29)
A－JH－5	1	14.16	315.69	4.58	0	326.2 (0.08)	9.37 (396.87)	0 (0.01)
	2	14.16	315.69	4.58	0	326.2 (0.08)	9.37 (396.87)	0 (0.01)
	3	14.16	315.69	4.58	0	326.2 (0.08)	9.37 (396.87)	0 (0.01)
	4	14.16	315.69	4.58	0	326.2 (0.08)	9.37 (396.87)	0 (0.01)

续表 3-72

工况	机组号	导叶初始开度（%）	机组初始水头（m）	机组初始流量（m^3/s）	机组初始出力（MW）	蜗壳最大动水压力（m）	尾水管最小压力（m）	转速最大上升率（%）
A－JH－8－(1)	1	14.16	313.66	4.56	0	324.43 (0.08)	9.3 (51.77)	0 (0.01)
	2	14.16	313.66	4.56	0	324.71 (0.22)	9.51 (222.51)	0 (0.01)
	3	14.16	313.39	4.56	0	324.78 (0.12)	9.51 (222.51)	0 (0.01)
	4	100.00	310.45	31.78	88.55	323.79 (0.05)	6.93 (0.09)	0 (0.01)
A－JH－8－(2)	1	14.16	310.36	4.52	0	321.35 (0.08)	9.46 (372.92)	0 (0.01)
	2	14.16	310.36	4.52	0	321.75 (0.22)	9.46 (372.92)	0 (0.01)
	3	100.00	306.62	31.51	86.83	318.89 (0.05)	7.52 (0.09)	0 (0.01)
	4	100.00	306.62	31.51	86.83	318.89 (0.05)	7.52 (0.09)	0 (0.01)
A－JH－8－(3)	1	14.16	305.29	4.47	0	316.64 (0.02)	9.28 (497.39)	0 (0.01)
	2	100.00	302.41	31.21	84.96	315.52 (0.05)	7.02 (0.09)	0 (0.01)
	3	100.00	301.84	31.17	84.70	314.05 (0.05)	7.5 (0.09)	0 (0.01)
	4	100.00	301.84	31.17	84.70	314.05 (0.05)	7.5 (0.09)	0 (0.01)

注：表中括号内数字表示极值发生时刻，单位为 s。

从以上计算结果可知，除机组导叶拒动工况（工况 A－JH－1）以外，机组导叶正常关闭时机组最大转速上升率的控制工况是工况 A－JH－2－(2)：同一压力主管上的全部机组由 2/3 额定负荷突增至额定负荷后，调压室水位最高时，全部机组同时甩负荷。此时机组的最大转速升高率为 50.14%，满足控制标准 60%，且裕度较大。

对于机组导叶拒动工况 A－JH－1：同一压力主管上的相关机组在额定水头下发额定功率，所有机组同时甩负荷，其中 1 台机组导叶拒动。计算中，2#、3#和 4#机组导叶正常关闭，1#机组导叶拒动，采用球阀关闭（球阀特性曲线如图 3-19 所示，采用 60 s 直线关闭规律）。当 1#机组甩全负荷时导叶拒动，拒动机组的最大转速上升率为 69.14%，已达到飞逸转速(变化过程如图 3-20 所示,飞逸持续时间约为 37 s)。但该工况不作为机组最大转速上升率的控制工况。

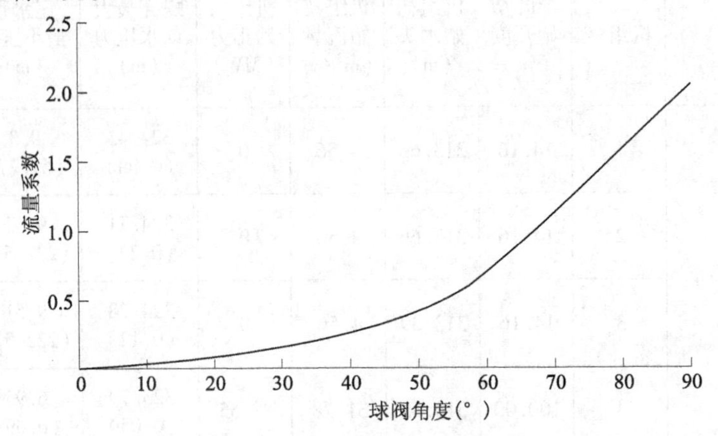

图 3-19 球阀特性曲线

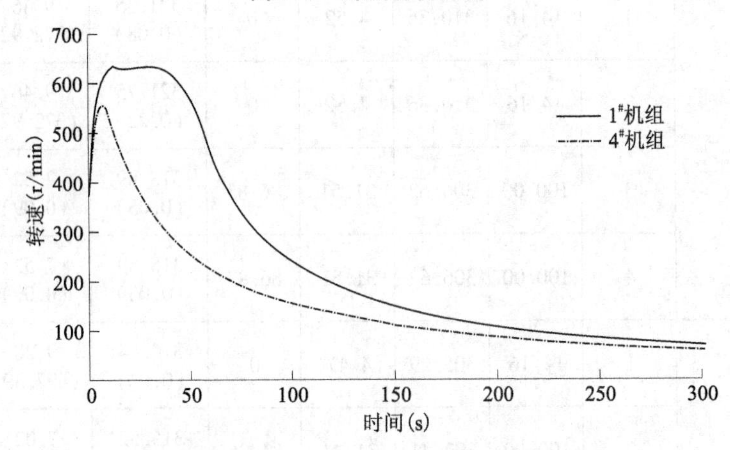

图 3-20 机组导叶拒动工况 A－JH－1 机组转速变化过程

(2)蜗壳最大压力升高控制工况计算结果及分析

蜗壳最大压力升高的计算工况包括水位条件:上游正常蓄水位,下游相应水位。

B－SJ－1:最大发电水头时,同一压力主管上的相关机组发额定功率,所有机组同时甩负荷,导叶全关。

B－SJ－2－(1):同一压力主管上的相关机组,1 台机停机状态,另 3 台机组同时甩负荷,导叶全关。

B－SJ－2－(2):同一压力主管上的相关机组,2 台机停机状态,另 2 台机组同时甩负荷,导叶全关。

B－SJ－2－(3):同一压力主管上的相关机组,3 台机停机状态,另 1 台机组甩负荷,导叶全关。

B－SJ－3－(1):同一压力主管上的相关机组,1 台机发电状态,另 3 台机组同时甩负荷,导叶全关。

B－SJ－3－(2)：同一压力主管上的相关机组，2 台机发电状态，另 2 台机组同时甩负荷，导叶全关。

B－SJ－3－(3)：同一压力主管上的相关机组，3 台机发电状态，另 1 台机组甩负荷，导叶全关。

B－SJ－4－(1)：同一压力主管上的相关机组，1 台机停机状态，另 3 台机组突然甩 1/2 额定负荷。

B－SJ－4－(2)：同一压力主管上的相关机组，2 台机停机状态，另 2 台机组突然甩 1/2 额定负荷。

B－SJ－4－(3)：同一压力主管上的相关机组，3 台机停机状态，另 1 台机组突然甩 1/2 额定负荷。

B－JH－1－(1)：上游为校核洪水位，下游为校核洪水位时，同一压力主管上的相关机组在发额定功率，所有机组同时甩负荷，导叶全关。

B－JH－1－(2)：上游为设计洪水位，下游为设计洪水位时，同一压力主管上的相关机组在发额定功率，所有机组同时甩负荷，导叶全关。

B－JH－2－(1)：同一压力主管上的全部机组由 3 台增至 4 台，调压室水位最高时，全部机组同时甩负荷。

B－JH－2－(2)：同一压力主管上的全部机组由 2/3 额定负荷突增至额定负荷后，调压室水位最高时，全部机组同时甩负荷。

B－JH－3－(1)：上游为校核洪水位，下游为校核洪水位时，同一压力主管上的全部机组由 3 台增至 4 台，调压室水位最高时，全部机组同时甩负荷。

B－JH－3－(2)：上游为校核洪水位，下游为校核洪水位时，同一压力主管上的全部机组由 2/3 额定负荷突增至额定负荷后，调压室水位最高时，全部机组同时甩负荷。

B－JH－3－(3)：上游为设计洪水位，下游为设计洪水位时，同一压力主管上的全部机组由 3 台增至 4 台，调压室水位最高时，全部机组同时甩负荷。

B－JH－3－(4)：上游为设计洪水位，下游为设计洪水位时，同一压力主管上的全部机组由 2/3 额定负荷突增至额定负荷后，调压室水位最高时，全部机组同时甩负荷。

B－JH－4：同一压力主管上的相关机组发额定功率，4 台机组相继甩负荷。

B－JH－6：同一压力主管上的相关机组相继开机。

B－JH－7：同一压力主管上的相关机组，3 台机停机状态，另 1 台机组开机后再甩负荷。

B－JH－8－(1)：同一压力主管上的相关机组，1 台机停机状态，另 3 台机组相继开机。

B－JH－8－(2)：同一压力主管上的相关机组，2 台机停机状态，另 2 台机组相继开机。

B－JH－8－(3)：同一压力主管上的相关机组，3 台机停机状态，另 1 台机组开机。

B－JH－9－(1)：同一压力主管上的相关机组，1 台机正常发电状态，另 3 台机组相继开机。

B－JH－9－(2)：同一压力主管上的相关机组，2 台机正常发电状态，另 2 台机组相继开机。

B－JH－9－(3)：同一压力主管上的相关机组，3 台机正常发电状态，另 1 台机组开机。

计算结果见表3-73。

表3-73 机组调保参数计算结果

工况	机组号	导叶初始开度（%）	机组初始水头（m）	机组初始流量（m^3/s）	机组初始出力（MW）	蜗壳最大动水压力（m）	尾水管最小压力（m）	转速最大上升率（%）
B-SJ-1	1	89.95	307.95	29.34	82.10	383.5 (2.55)	7.77 (1.6)	46.3 (6.08)
	2	89.95	307.95	29.34	82.10	383.5 (2.55)	7.77 (1.6)	46.3 (6.08)
	3	89.95	307.95	29.34	82.10	383.5 (2.55)	7.77 (1.6)	46.3 (6.08)
	4	89.95	307.95	29.34	82.10	383.5 (2.55)	7.77 (1.6)	46.3 (6.08)
B-SJ-2-(1)	1	87.16	313.65	28.84	82.12	379.87 (1.84)	7.47 (9.6)	43.67 (5.96)
	2	87.16	313.65	28.84	82.12	379.87 (1.84)	7.47 (9.6)	43.67 (5.96)
	3	87.16	314.20	28.88	82.35	379 (1.76)	7.25 (0.12)	43.47 (5.96)
B-SJ-2-(2)	1	85.38	317.45	28.52	82.12	373.29 (1.73)	6.87 (9.37)	41.39 (5.88)
	2	85.38	317.45	28.52	82.12	373.29 (1.73)	6.87 (9.37)	41.39 (5.88)
B-SJ-2-(3)	1	84.02	320.42	28.28	82.12	359.76 (1.76)	6.89 (0.09)	38.98 (5.82)
B-SJ-3-(1)	1	89.95	307.95	29.34	82.10	358.06 (3.24)	7.77 (1.6)	0 (0.01)
	2	89.95	307.95	29.34	82.10	367.16 (3.52)	7.8 (1.6)	43.94 (6.12)
	3	89.95	307.95	29.34	82.10	369.49 (2.39)	7.74 (1.6)	44.27 (6.11)
	4	89.95	307.95	29.34	82.10	369.49 (2.39)	7.74 (1.6)	44.27 (6.11)

续表 3-73

工况	机组号	导叶初始开度（%）	机组初始水头（m）	机组初始流量（m^3/s）	机组初始出力（MW）	蜗壳最大动水压力（m）	尾水管最小压力（m）	转速最大上升率（%）
B－SJ－3－(2)	1	89.95	307.95	29.34	82.10	343.08 (3.24)	7.86 (0.09)	0 (0.01)
	2	89.95	307.95	29.34	82.10	343.08 (3.24)	7.86 (0.09)	0 (0.01)
	3	89.95	307.95	29.34	82.10	355.86 (3.41)	7.72 (1.6)	42.33 (6.13)
	4	89.95	307.95	29.34	82.10	355.86 (3.41)	7.72 (1.6)	42.33 (6.13)
B－SJ－3－(3)	1	89.95	307.95	29.34	82.10	332.35 (90.98)	7.86 (0.09)	0 (0.01)
	2	89.95	307.95	29.34	82.10	332.35 (90.98)	7.86 (0.09)	0 (0.01)
	3	89.95	307.95	29.34	82.10	332.97 (87.25)	7.86 (0.09)	0 (0.01)
	4	89.95	307.95	29.34	82.10	341.12 (3.41)	7.65 (1.6)	40.15 (6.15)
B－SJ－4－(1)	1	87.16	314.00	28.87	82.26	367.29 (4.65)	7.39 (0.09)	0 (0.01)
	2	87.16	314.00	28.87	82.26	367.29 (4.65)	7.39 (0.09)	0 (0.01)
	3	87.16	314.54	28.90	82.50	366.12 (4.65)	6.99 (0.09)	0 (0.01)
B－SJ－4－(2)	1	85.38	317.71	28.54	82.23	360.84 (4.42)	7.53 (1.6)	0 (0.01)
	2	85.38	317.71	28.54	82.23	360.84 (4.42)	7.53 (1.6)	0 (0.01)
B－SJ－4－(3)	1	84.02	320.59	28.29	82.19	352.16 (1.76)	6.66 (0.09)	0 (0.01)

续表 3-73

工况	机组号	导叶初始开度（%）	机组初始水头（m）	机组初始流量（m^3/s）	机组初始出力（MW）	蜗壳最大动水压力（m）	尾水管最小压力（m）	转速最大上升率（%）
B－JH－1－(1)	1	89.89	308.10	29.33	82.12	385.84（2.55）	9.69（9.9）	46.29（6.08）
	2	89.89	308.10	29.33	82.12	385.84（2.55）	9.69（9.9）	46.29（6.08）
	3	89.89	308.10	29.33	82.12	385.84（2.55）	9.69（9.9）	46.29（6.08）
	4	89.89	308.10	29.33	82.12	385.84（2.55）	9.69（9.9）	46.29（6.08）
B－JH－1－(2)	1	89.81	308.22	29.32	82.10	384.99（2.55）	8.79（9.89）	46.26（6.08）
	2	89.81	308.22	29.32	82.10	384.99（2.55）	8.79（9.89）	46.26（6.08）
	3	89.81	308.22	29.32	82.10	384.99（2.55）	8.79（9.89）	46.26（6.08）
	4	89.81	308.22	29.32	82.10	384.99（2.55）	8.79（9.89）	46.26（6.08）
B－JH－2－(1)	1	14.16	315.29	4.58	0	388.38（250.43）	7.84（257.55）	46.38（253.87）
	2	89.96	312.73	29.66	84.20	388.38（250.43）	7.33（0.09）	46.38（253.87）
	3	89.96	312.22	29.63	83.98	388.38（250.43）	7.81（0.09）	46.38（253.87）
	4	89.96	312.22	29.63	83.98	388.38（250.43）	7.81（0.09）	46.38（253.87）
B－JH－2－(2)	1	58.33	316.34	19.48	54.75	391.46（242.6）	7.83（249.71）	46.94（246.04）
	2	58.33	316.34	19.48	54.75	391.46（242.6）	7.83（249.71）	46.94（246.04）
	3	58.33	316.34	19.48	54.75	391.46（242.6）	7.83（249.71）	46.94（246.04）
	4	58.33	316.34	19.48	54.75	391.46（242.6）	7.83（249.71）	46.94（246.04）

续表 3-73

工况	机组号	导叶初始开度(%)	机组初始水头(m)	机组初始流量(m^3/s)	机组初始出力(MW)	蜗壳最大动水压力(m)	尾水管最小压力(m)	转速最大上升率(%)
B-JH-3-(1)	1	14.16	315.44	4.58	0	390.7 (249.85)	10 (256.96)	46.36 (253.29)
	2	89.89	312.88	29.65	84.20	390.7 (249.85)	9.49 (0.09)	46.36 (253.29)
	3	89.89	312.37	29.62	83.98	390.7 (249.85)	9.97 (0.09)	46.36 (253.29)
	4	89.89	312.37	29.62	83.98	390.7 (249.85)	9.97 (0.09)	46.36 (253.29)
B-JH-3-(2)	1	58.29	316.49	19.47	54.74	393.81 (242.33)	9.73 (249.49)	46.92 (245.75)
	2	58.29	316.49	19.47	54.74	393.81 (242.33)	9.73 (249.49)	46.92 (245.75)
	3	58.29	316.49	19.47	54.74	393.81 (242.33)	9.73 (249.49)	46.92 (245.75)
	4	58.29	316.49	19.47	54.74	393.81 (242.33)	9.73 (249.49)	46.92 (245.75)
B-JH-3-(3)	1	14.16	315.54	4.58	0	389.83 (250.4)	9.82 (257.49)	46.33 (253.83)
	2	89.81	313.00	29.63	84.18	389.83 (250.4)	8.5 (0.09)	46.33 (253.83)
	3	89.81	312.49	29.60	83.96	389.83 (250.4)	8.98 (0.09)	46.33 (253.83)
	4	89.81	312.49	29.60	83.96	389.83 (250.4)	8.98 (0.09)	46.33 (253.83)
B-JH-3-(4)	1	58.26	316.59	19.46	54.74	392.94 (242.57)	8.75 (249.68)	46.89 (245.99)
	2	58.26	316.59	19.46	54.74	392.94 (242.57)	8.75 (249.68)	46.89 (245.99)
	3	58.26	316.59	19.46	54.74	392.94 (242.57)	8.75 (249.68)	46.89 (245.99)
	4	58.26	316.59	19.46	54.74	392.94 (242.57)	8.75 (249.68)	46.89 (245.99)

续表 3-73

工况	机组号	导叶初始开度（%）	机组初始水头（m）	机组初始流量（m^3/s）	机组初始出力（MW）	蜗壳最大动水压力（m）	尾水管最小压力（m）	转速最大上升率（%）
B－JH－4	1	89.95	307.95	29.34	82.10	361.44（31）	7.65（1.6）	40.15（6.15）
	2	89.95	307.95	29.34	82.10	362.32（31.37）	7.86（0.09）	40.4（15.98）
	3	89.95	307.95	29.34	82.10	362.85（31.39）	7.86（0.09）	41.56（25.77）
	4	89.95	307.95	29.34	82.10	362.38（31.35）	7.86（0.09）	43.05（35.49）
B－JH－6	1	14.16	322.57	4.66	0	334.12（0.05）	8.62（337.74）	0（0.01）
	2	14.16	322.57	4.66	0	334.12（0.05）	8.62（337.74）	0（0.01）
	3	14.16	322.57	4.66	0	334.12（0.05）	8.62（337.74）	0（0.01）
	4	14.16	322.57	4.66	0	334.12（0.05）	8.62（337.74）	0（0.01）
B－JH－7	1	14.16	323.52	4.67	0	358.13（26）	7.41（33.47）	37.58（30.15）
B－JH－8－（1）	1	14.16	322.98	4.66	0	334.24（0.05）	8.7（378.41）	0（0.01）
	2	14.16	322.98	4.66	0	334.24（0.05）	8.7（378.41）	0（0.01）
	3	14.16	322.98	4.66	0	334.3（0.08）	8.57（210.43）	0（0.01）
B－JH－8－（2）	1	14.16	323.23	4.66	0	334.28（0.05）	8.22（416.29）	0（0.01）
	2	14.16	323.23	4.66	0	334.28（0.05）	8.22（416.29）	0（0.01）
B－JH－8－（3）	1	14.16	323.52	4.67	0	334.84（274.63）	7.93（419.16）	0（0.01）

续表 3-73

工况	机组号	导叶初始开度(%)	机组初始水头(m)	机组初始流量(m^3/s)	机组初始出力(MW)	蜗壳最大动水压力(m)	尾水管最小压力(m)	转速最大上升率(%)
B-JH-9-(1)	1	14.16	321.15	4.64	0	332.85 (0.05)	8.93 (248.18)	0 (0.01)
	2	14.16	321.15	4.64	0	332.85 (0.05)	8.93 (248.18)	0 (0.01)
	3	14.16	320.92	4.64	0	332.55 (0.02)	8.93 (248.18)	0 (0.01)
	4	89.95	318.39	30.03	86.64	331.49 (0.05)	7.59 (0.09)	0 (0.01)
B-JH-9-(2)	1	14.16	318.80	4.61	0	330.65 (0.05)	9.66 (27.02)	0 (0.01)
	2	14.16	318.80	4.61	0	330.65 (0.05)	9.68 (261.82)	0 (0.01)
	3	89.95	315.46	29.84	85.38	327.75 (0.05)	7.79 (0.09)	0 (0.01)
	4	89.95	315.46	29.84	85.38	327.75 (0.05)	7.79 (0.09)	0 (0.01)
B-JH-9-(3)	1	14.16	315.29	4.58	0	325.82 (0.09)	9.65 (29.19)	0 (0.01)
	2	89.95	312.74	29.66	84.19	325.85 (0.05)	7.33 (0.09)	0 (0.01)
	3	89.95	312.23	29.63	83.97	324.55 (0.05)	7.81 (0.09)	0 (0.01)
	4	89.95	312.23	29.63	83.97	324.55 (0.05)	7.81 (0.09)	0 (0.01)

注:表中括号内数字表示极值发生时刻,单位为 s。

由结果可知,蜗壳最大压力的控制工况是工况 B-JH-3-(2):上游为校核洪水位,下游为校核洪水位时,同一压力主管上的全部机组由 2/3 额定负荷突增至额定负荷后,调压室水位最高时,全部机组同时甩负荷。此时机组的蜗壳最大压力为 393.81 m,满足控制标准 416.63 m,且裕度较大。

(3)尾水管进口最大真空控制工况计算结果及分析

尾水管进口最大真空的计算工况包括水位条件:上游发电最低水位,下游相应水位。

C-SJ-1:上游为死水位(最低发电水位)时,同一压力主管上的相关机组发额定功率,所有机组同时甩负荷,导叶全关。

C－SJ－2－(1):同一压力主管上的相关机组,其中1台机停机状态,另3台机组同时甩负荷,导叶全关。

C－SJ－2－(2):同一压力主管上的相关机组,其中2台机停机状态,另2台机组同时甩负荷,导叶全关。

C－SJ－2－(3):同一压力主管上的相关机组,其中3台机停机状态,另1台机组甩负荷,导叶全关。

C－SJ－3－(1):同一压力主管上的相关机组,其中1台机发电状态,另3台机组同时甩负荷,导叶全关。

C－SJ－3－(2):同一压力主管上的相关机组,其中2台机发电状态,另2台机组同时甩负荷,导叶全关。

C－SJ－3－(3):同一压力主管上的相关机组,其中3台机发电状态,另1台机组甩负荷,导叶全关。

C－JH－1:同一压力主管上的相关机组发额定功率,4台机组相继甩负荷。

C－JH－2－(1):同一压力主管上的全部机组由3台增至4台,调压室水位最高时,全部机组同时甩负荷。

C－JH－2－(2):同一压力主管上的全部机组由2/3额定负荷突增至额定负荷后,调压室水位最高时,全部机组同时甩负荷。

C－JH－3:同一压力主管上的相关机组发额定功率,4台机组相继甩负荷。

C－JH－4－(1):同一压力主管上的全部机组由3台增至4台,调压室涌浪最低时,全部机组同时甩负荷。

C－JH－4－(2):同一压力主管上的全部机组由2/3额定负荷突增至额定负荷后,调压室涌浪最低时,全部机组同时甩负荷。

C－JH－5:同一压力主管上的相关机组相继开机。

C－JH－6:同一压力主管上的相关机组,其中3台机停机状态,另1台机组开机后再甩负荷。

C－JH－7－(1):同一压力主管上的相关机组,其中1台机停机状态,另3台机组相继开机。

C－JH－7－(2):同一压力主管上的相关机组,其中2台机停机状态,另2台机组相继开机。

C－JH－7－(3):同一压力主管上的相关机组,其中3台机停机状态,另1台机组开机。

C－JH－8－(1):同一压力主管上的相关机组,其中1台机正常发电状态,另3台机组相继开机。

C－JH－8－(2):同一压力主管上的相关机组,其中2台机正常发电状态,另2台机组相继开机。

C－JH－8－(3):同一压力主管上的相关机组,其中3台机正常发电状态,另1台机组开机。

计算结果见表3-74。

表 3-74 机组调保参数计算结果

工况	机组号	导叶初始开度（%）	机组初始水头（m）	机组初始流量（m^3/s）	机组初始出力（MW）	蜗壳最大动水压力（m）	尾水管最小压力（m）	转速最大上升率（%）
C－SJ－1	1	100.00	285.78	30.01	77.48	361.57 （38.16）	7.56 （1.6）	47.14 （6.43）
	2	100.00	285.78	30.01	77.48	361.57 （38.16）	7.56 （1.6）	47.14 （6.43）
	3	100.00	285.78	30.01	77.48	361.57 （38.16）	7.56 （1.6）	47.14 （6.43）
	4	100.00	285.78	30.01	77.48	361.57 （38.16）	7.56 （1.6）	47.14 （6.43）
C－SJ－2－（1）	1	99.86	296.15	30.73	82.10	360.86 （32.05）	7.34 （0.09）	47.42 （6.42）
	2	99.86	296.15	30.73	82.10	360.86 （32.05）	7.34 （0.09）	47.42 （6.42）
	3	99.86	296.78	30.78	82.38	363.44 （38.13）	6.84 （0.12）	47.2 （6.43）
C－SJ－2－（2）	1	94.87	301.93	30.05	82.11	354.5 （2.03）	6.9 （10.45）	44.04 （6.28）
	2	94.87	301.93	30.05	82.11	354.5 （2.03）	6.9 （10.45）	44.04 （6.28）
C－SJ－2－（3）	1	91.49	305.92	29.57	82.10	345.82 （76.18）	6.59 （0.09）	40.72 （6.15）
C－SJ－3－（1）	1	100.00	289.44	30.27	79.13	349.41 （3.41）	7.45 （1.6）	45.8 （6.51）
	2	100.00	289.44	30.27	79.13	349.41 （3.41）	7.45 （1.6）	45.8 （6.51）
	3	100.00	289.44	30.27	79.13	347.47 （3.41）	7.46 （1.6）	45.47 （6.52）
	4	100.00	289.44	30.27	79.13	338.37 （3.24）	7.73 （0.09）	0 （0.01）

续表 3-74

工况	机组号	导叶初始开度（%）	机组初始水头（m）	机组初始流量（m^3/s）	机组初始出力（MW）	蜗壳最大动水压力（m）	尾水管最小压力（m）	转速最大上升率（%）
C－SJ－3－(2)	1	100.00	289.44	30.27	79.13	337.64 (87.26)	7.4 (1.6)	43.71 (6.57)
	2	100.00	289.44	30.27	79.13	337.64 (87.26)	7.4 (1.6)	43.71 (6.57)
	3	100.00	289.44	30.27	79.13	332.15 (92.61)	7.71 (0.09)	0 (0.01)
	4	100.00	289.44	30.27	79.13	332.15 (92.61)	7.71 (0.09)	0 (0.01)
C－SJ－3－(3)	1	100.00	289.44	30.27	79.13	322.42 (3.24)	7.43 (1.6)	41.36 (6.62)
	2	100.00	289.44	30.27	79.13	316.72 (90.61)	7.73 (0.09)	0 (0.01)
	3	100.00	289.44	30.27	79.13	316.06 (90.61)	7.71 (0.09)	0 (0.01)
	4	100.00	289.44	30.27	79.13	316.06 (90.61)	7.71 (0.09)	0 (0.01)
C－JH－1	1	100.00	289.44	30.27	79.13	354.4 (64.6)	7.43 (1.6)	41.36 (6.62)
	2	100.00	289.44	30.27	79.13	354.84 (52.54)	7.73 (0.09)	41.89 (17.55)
	3	100.00	289.44	30.27	79.13	357.14 (64.71)	7.71 (0.09)	43.4 (28.42)
	4	100.00	289.44	30.27	79.13	354.71 (43.48)	7.71 (0.09)	45.81 (39.28)
C－JH－2－(1)	1	14.16	298.45	4.40	0.34	366.88 (256.56)	8.01 (264.12)	48.1 (259.7)
	2	100.00	295.65	30.73	81.95	366.88 (256.56)	7.14 (0.12)	48.1 (259.7)
	3	100.00	295.09	30.69	81.70	366.88 (256.56)	7.64 (0.09)	48.1 (259.7)
	4	100.00	295.09	30.69	81.70	366.88 (256.56)	7.64 (0.09)	48.1 (259.7)

续表 3-74

工况	机组号	导叶初始开度（%）	机组初始水头（m）	机组初始流量（m^3/s）	机组初始出力（MW）	蜗壳最大动水压力（m）	尾水管最小压力（m）	转速最大上升率（%）
C－JH－2－(2)	1	63.32	300.13	20.39	54.73	369.01 (246.88)	7.84 (254.45)	48.53 (250.02)
	2	63.32	300.13	20.39	54.73	369.01 (246.88)	7.84 (254.45)	48.53 (250.02)
	3	63.32	300.13	20.39	54.73	369.01 (246.88)	7.84 (254.45)	48.53 (250.02)
	4	63.32	300.13	20.39	54.73	369.01 (246.88)	7.84 (254.45)	48.53 (250.02)
C－JH－3	1	100.00	289.44	30.27	79.13	354.4 (64.6)	7.43 (1.6)	41.36 (6.62)
	2	100.00	289.44	30.27	79.13	354.84 (52.54)	7.73 (0.09)	41.89 (17.55)
	3	100.00	289.44	30.27	79.13	357.14 (64.71)	7.71 (0.09)	43.4 (28.42)
	4	100.00	289.44	30.27	79.13	354.71 (43.48)	7.71 (0.09)	45.81 (39.28)
C－JH－4－(1)	1	14.16	298.45	4.40	0.34	360.06 (136.52)	8.03 (109.34)	45.67 (104.88)
	2	100.00	295.65	30.73	81.95	360.06 (136.52)	7.14 (0.12)	45.67 (104.88)
	3	100.00	295.09	30.69	81.70	360.06 (136.52)	7.64 (0.09)	45.67 (104.88)
	4	100.00	295.09	30.69	81.70	360.06 (136.52)	7.64 (0.09)	45.67 (104.88)
C－JH－4－(2)	1	63.32	300.13	20.39	54.73	359.48 (128.99)	7.73 (98.78)	44.47 (94.3)
	2	63.32	300.13	20.39	54.73	359.48 (128.99)	7.73 (98.78)	44.47 (94.3)
	3	63.32	300.13	20.39	54.73	359.48 (128.99)	7.73 (98.78)	44.47 (94.3)
	4	63.32	300.13	20.39	54.73	359.48 (128.99)	7.73 (98.78)	44.47 (94.3)

续表 3-74

工况	机组号	导叶初始开度（%）	机组初始水头（m）	机组初始流量（m^3/s）	机组初始出力（MW）	蜗壳最大动水压力（m）	尾水管最小压力（m）	转速最大上升率（%）
C－JH－5	1	14.16	308.48	4.50	0.99	319.53 (0.08)	9.33 (48.61)	0 (0.01)
	2	14.16	308.48	4.50	0.99	319.53 (0.08)	9.62 (60.28)	0 (0.01)
	3	14.16	308.48	4.50	0.99	319.53 (0.08)	9.64 (89.83)	0 (0.01)
	4	14.16	308.48	4.50	0.99	319.53 (0.08)	9.65 (306.24)	0 (0.01)
C－JH－6	1	14.16	309.50	4.51	1.05	341.93 (28.75)	8.35 (28.79)	39.16 (33.03)
C－JH－7－(1)	1	14.16	308.78	4.51	1.01	319.66 (0.08)	9.18 (40.09)	0 (0.01)
	2	14.16	308.78	4.51	1.01	319.66 (0.08)	9.21 (361.69)	0 (0.01)
	3	14.16	308.79	4.51	1.01	319.72 (0.08)	9.15 (366.64)	0 (0.01)
C－JH－7－(2)	1	14.16	309.21	4.51	1.03	321.04 (262.52)	9.16 (39.83)	0 (0.01)
	2	14.16	309.21	4.51	1.03	321.04 (262.52)	9.16 (265.42)	0 (0.01)
C－JH－7－(3)	1	14.16	309.50	4.51	1.05	323.5 (245.09)	8.92 (247.91)	0 (0.01)
C－JH－8－(1)	1	14.16	306.03	4.48	0.83	317.39 (0.08)	9.41 (31.33)	0 (0.01)
	2	14.16	306.03	4.48	0.83	317.39 (0.08)	9.66 (288.04)	0 (0.01)
	3	14.16	305.76	4.47	0.81	317.08 (0.12)	9.66 (288.04)	0 (0.01)
	4	100.00	302.92	31.25	85.19	316.02 (0.05)	6.99 (0.09)	0 (0.01)

续表 3-74

工况	机组号	导叶初始开度(%)	机组初始水头(m)	机组初始流量(m^3/s)	机组初始出力(MW)	蜗壳最大动水压力(m)	尾水管最小压力(m)	转速最大上升率(%)
C-JH-8-(2)	1	14.16	302.04	4.43	0.57	313.67 (0.05)	9.26 (30.12)	0 (0.01)
	2	14.16	302.04	4.43	0.57	313.67 (0.05)	9.67 (279.72)	0 (0.01)
	3	100.00	298.42	30.93	83.18	310.49 (0.05)	7.5 (0.09)	0 (0.01)
	4	100.00	298.42	30.93	83.18	310.49 (0.05)	7.5 (0.09)	0 (0.01)
C-JH-8-(3)	1	14.16	296.02	4.37	0.18	308.11 (0.02)	9.61 (32.39)	0 (0.01)
	2	100.00	293.26	30.55	80.86	306.51 (0.05)	7.26 (0.09)	0 (0.01)
	3	100.00	292.71	30.51	80.61	305.13 (0.05)	7.66 (0.09)	0 (0.01)
	4	100.00	292.71	30.51	80.61	305.13 (0.05)	7.66 (0.09)	0 (0.01)

注:表中括号内数字表示极值发生时刻,单位为 s。

由机组调保计算结果可知,尾水管进口最小压力的控制工况为工况 C-SJ-2-(3):同一压力主管上的相关机组,其中 3 台机停机状态,另 1 台机组甩负荷,导叶全关。此时机组的尾水管进口最小压力为6.59 m,满足尾水管进口断面的最小压力 -7.14 m 的控制标准,且裕度较大。

(4)上游调压室最高涌浪控制工况计算结果及分析

上游调压室最高涌浪的计算工况包括水位条件:上游正常蓄水位,下游相应水位。

B-SJ-1:最大发电水头时,同一压力主管上的相关机组发额定功率,所有机组同时甩负荷,导叶全关。

B-SJ-2-(1):同一压力主管上的相关机组,1 台机停机状态,另 3 台机组同时甩负荷,导叶全关。

B-SJ-2-(2):同一压力主管上的相关机组,2 台机停机状态,另 2 台机组同时甩负荷,导叶全关。

B-SJ-2-(3):同一压力主管上的相关机组,3 台机停机状态,另 1 台机组甩负荷,导叶全关。

B－SJ－3－(1)：同一压力主管上的相关机组，1 台机发电状态，另 3 台机组同时甩负荷，导叶全关。

B－SJ－3－(2)：同一压力主管上的相关机组，2 台机发电状态，另 2 台机组同时甩负荷，导叶全关。

B－SJ－3－(3)：同一压力主管上的相关机组，3 台机发电状态，另 1 台机组甩负荷，导叶全关。

B－SJ－4－(1)：同一压力主管上的相关机组，1 台机停机状态，另 3 台机组突然甩 1/2 额定负荷。

B－SJ－4－(2)：同一压力主管上的相关机组，2 台机停机状态，另 2 台机组突然甩 1/2 额定负荷。

B－SJ－4－(3)：同一压力主管上的相关机组，3 台机停机状态，另 1 台机组突然甩 1/2 额定负荷。

B－JH－1－(1)：上游为校核洪水位，下游为校核洪水位时，同一压力主管上的相关机组在发额定功率，所有机组同时甩负荷，导叶全关。

B－JH－1－(2)：上游为设计洪水位，下游为设计洪水位时，同一压力主管上的相关机组在发额定功率，所有机组同时甩负荷，导叶全关。

B－JH－4：同一压力主管上的相关机组发额定功率，4 台机组相继甩负荷。

B－JH－10－(1)：上游为正常蓄水位时，同一压力主管上的全部机组由 3 台增至 4 台，流入调压室的流量最大时，全部机组同时甩负荷。

B－JH－10－(2)：上游为正常蓄水位时，同一压力主管上的全部机组由 2/3 额定负荷突增至额定负荷后，流入调压室的流量最大时，全部机组同时甩负荷。

B－JH－11－(1)：上游为最高水位时(即校核洪水位)，同一压力主管上的全部机组由 3 台增至 4 台，流入调压室的流量最大时，全部机组同时甩负荷。

B－JH－11－(2)：上游为最高水位时(即校核洪水位)，同一压力主管上的全部机组由 2/3 额定负荷突增至额定负荷后，流入调压室的流量最大时，全部机组同时甩负荷。

上游调压室最高涌浪控制工况涌浪计算结果见表 3-75。

表 3-75　　上游调压室最高涌浪控制工况涌浪计算结果

工况	上游调压室初始水位(m)	上游调压室最高涌浪(m)	上游调压室最低涌浪(m)	上游调压室向下最大压差(m)	上游调压室向上最大压差(m)
B－SJ－1	1 189.13	1 210.18 (246.89)	1 166.92 (603.41)	1.08 (515.21)	3.62 (10.68)
B－SJ－2－(1)	1 193.63	1 208.31 (236.41)	1 171.09 (569.66)	0.8 (483.33)	1.97 (10.42)
B－SJ－2－(2)	1 196.67	1 206.24 (213.14)	1 177.03 (512.54)	0.48 (430.36)	0.87 (10.2)

续表 3-75

工况	上游调压室初始水位(m)	上游调压室最高涌浪(m)	上游调压室最低涌浪(m)	上游调压室向下最大压差(m)	上游调压室向上最大压差(m)
B-SJ-2-(3)	1 198.43	1 204.11 (160.2)	1 185.97 (394.32)	0.17 (319.14)	0.21 (10.05)
B-SJ-3-(1)	1 189.13	1 207.16 (210.52)	1 171.55 (515.68)	0.73 (432.43)	1.97 (10.69)
B-SJ-3-(2)	1 189.13	1 204.62 (150.04)	1 181.09 (383.55)	0.29 (299.84)	0.84 (10.7)
B-SJ-3-(3)	1 189.13	1 202.58 (90.07)	1 187.08 (246.26)	0.06 (159.41)	0.2 (10.7)
B-SJ-4-(1)	1 193.63	1 204.21 (143.75)	1 184.28 (371.69)	0.2 (295.83)	0.5 (5.45)
B-SJ-4-(2)	1 196.67	1 203.7 (132.14)	1 187.95 (341.86)	0.11 (265.57)	0.22 (5.28)
B-SJ-4-(3)	1 198.43	1 202.88 (100.97)	1 192.77 (275.41)	0.03 (195.95)	0.06 (5.12)
B-JH-1-(1)	1 191.44	1 211.31 (279.66)	1 172.45 (682.36)	0.91 (557.72)	3.62 (10.66)
B-JH-1-(2)	1 190.55	1 210.84 (265)	1 170.17 (649.31)	0.97 (545.49)	3.62 (10.66)
B-JH-4	1 189.13	1 210.06 (261.32)	1 167.16 (616.73)	1.05 (530.05)	2.82 (39.98)
B-JH-10-(1)	1 192.74	1 210.79 (409.21)	1 165.74 (771.76)	1.17 (674.52)	4.3 (169.99)
B-JH-10-(2)	1 194.65	1 211.18 (396.75)	1 165.04 (762.95)	1.23 (655.9)	4.77 (154.79)
B-JH-11-(1)	1 195.05	1 211.91 (439.08)	1 171.42 (847.05)	1 (704.7)	4.27 (169.97)
B-JH-11-(2)	1 196.96	1 212.3 (424.21)	1 170.8 (835.89)	1.05 (689.56)	4.76 (154.77)

注:表中括号内数字表示极值发生时刻,单位为 s。

由表 3-75 计算结果可知,上游调压室最高涌浪的控制工况是工况 B－JH－11－(2):上游为最高水位时(即校核洪水位),同一压力主管上的全部机组由 2/3 额定负荷突增至额定负荷后,流入调压室的流量最大时,全部机组同时甩负荷。此时调压室最高涌浪为 1 212.3 m,低于上游调压室顶部平台高程 1 225.00 m,且裕度较大。

(5)上游调压室最低涌浪控制工况计算结果及分析

上游调压室最低涌浪的计算工况包括水位条件:上游发电最低水位,下游相应水位。

C－SJ－1:上游为死水位(即最低发电水位)时,共调压井的全部机组同时甩全部负荷,导叶全关,调压室涌浪的第二振幅(波谷)。

C－SJ－5－(1):上游为死水位(即最低发电水位)时,同一压力主管上的全部机组由 3 台增至 4 台。

C－SJ－5－(2):上游为死水位(即最低发电水位)时,同一压力主管上的全部机组由 2/3 额定负荷突增至额定负荷。

C－JH－1:同一压力主管上的相关机组发额定功率,4 台机组相继甩负荷。

C－JH－5－(1):上游为死水位时,同一压力主管上的相关机组同时开机。

C－JH－5－(2):上游为死水位时,同一压力主管上的相关机组首尾相继开机。

C－JH－5－(3):上游为死水位时,同一压力主管上的相关机组在流出调压井流量最大时相继开机。

C－JH－6:同一压力主管上的相关机组,3 台机停机状态,另 1 台机组开机后再甩负荷。

C－JH－7－(1):同一压力主管上的相关机组,1 台机停机状态,另 3 台机组相继开机。

C－JH－7－(2):同一压力主管上的相关机组,2 台机停机状态,另 2 台机组相继开机。

C－JH－7－(3):同一压力主管上的相关机组,3 台机停机状态,另 1 台机组开机。

C－JH－8－(1):同一压力主管上的相关机组,1 台机正常发电状态,另 3 台机组相继开机。

C－JH－8－(2):同一压力主管上的相关机组,2 台机正常发电状态,另 2 台机组相继开机。

C－JH－8－(3):同一压力主管上的相关机组,3 台机正常发电状态,另 1 台机组开机。

C－JH－9－(1):上游为死水位(即最低发电水位)时,同一压力主管上的全部机组由 3 台增至 4 台,流入上游调压室流量最大时,瞬间甩全负荷,导叶全关情况下的第二振幅。

C－JH－9－(2):上游为死水位(即最低发电水位)时,同一压力主管上的全部机组由 2/3 额定负荷突增至额定负荷后,流入上游调压室流量最大时,瞬间甩全负荷,导叶全关情况下的第二振幅。

C－JH－10:上游为死水位(即最低发电水位)时,共调压室的全部机组同时丢弃全部负荷,导叶关至空载开度,在流出调压室流量最大时,1 台机组启动,从空载增至满负荷。

上游调压室最低涌浪控制工况涌浪计算结果见表 3-76。

表 3-76 上游调压室最低涌浪控制工况涌浪计算结果

工况	上游调压室 初始水位 (m)	上游调压室 最高涌浪 (m)	上游调压室 最低涌浪 (m)	上游调压室 向下最大压差 (m)	上游调压室 向上最大压差 (m)
C－SJ－1	1 167.19	1 205.75 (139.17)	1 150.53 (349.56)	1.42 (269.75)	3.74 (11.8)
C－SJ－5－(1)	1 173.62	1 173.62 (0.01)	1 160.45 (101.75)	0.13 (30.83)	0.02 (159.39)
C－SJ－5－(2)	1 176.68	1 176.68 (0.01)	1 156.14 (91.81)	0.36 (15.25)	0.05 (144.21)
C－JH－1	1 170.96	1 205.98 (156.81)	1 147.65 (370.2)	1.57 (290.27)	2.72 (44.26)
C－JH－5－(1)	1 184.6	1 184.6 (0.95)	1 134.46 (93.92)	2.07 (30.82)	0.38 (152.22)
C－JH－5－(2)	1 184.6	1 184.6 (1.03)	1 142.74 (143.54)	0.39 (77.66)	0.22 (202.97)
C－JH－5－(3)	1 184.6	1 184.6 (1.03)	1 140.72 (139.17)	0.56 (88.9)	0.25 (197.34)
C－JH－6	1 184.99	1 190.56 (153.23)	1 179.58 (306.84)	0.13 (27.76)	0.04 (75.01)
C－JH－7－(1)	1 184.77	1 184.77 (1)	1 149.87 (124.92)	0.39 (77.13)	0.25 (187.41)
C－JH－7－(2)	1 184.9	1 190.87 (262.08)	1 160.2 (106.64)	0.36 (55.88)	0.2 (173.13)
C－JH－7－(3)	1 184.97	1 192.18 (244.92)	1 172.25 (90.95)	0.13 (27.9)	0.09 (162.62)
C－JH－8－(1)	1 182.53	1 182.53 (0.01)	1 147.24 (129.37)	0.39 (78.09)	0.15 (189.75)
C－JH－8－(2)	1 178.82	1 178.82 (0.01)	1 153.48 (115.43)	0.33 (60.74)	0.07 (174.57)
C－JH－8－(3)	1 173.62	1 173.62 (0.01)	1 160.45 (101.75)	0.13 (30.83)	0.02 (159.39)
C－JH－9－(1)	1 178.26	1 206.93 (307.64)	1 141.79 (535.7)	2.06 (459.04)	4.58 (171.08)
C－JH－9－(2)	1 180.28	1 207.24 (298.54)	1 140.68 (528.8)	2.18 (444.23)	5.06 (155.9)
C－JH－10	1 174.33	1 206.13 (140.92)	1 132.53 (355.56)	2.14 (290.98)	3.37 (11.79)

注：表中括号内数字表示极值发生时刻，单位为 s。

由计算结果可知,上游调压室最低涌浪的控制工况是工况 C－JH－10:上游为死水位(即最低发电水位)时,共调压室的全部机组同时丢弃全部负荷,导叶关至空载开度,在流出调压室流量最大时,1 台机组启动,从空载增至满负荷。此时调压室最低涌浪为 1 132.53 m,高于调压室底板高程 1 104.62 m,且裕度较大。

(6)机组上游侧沿管轴线压力计算结果及分析

综合以上计算结果,可得机组上游侧沿程压力包络线,如图 3-21 和图 3-22 所示。

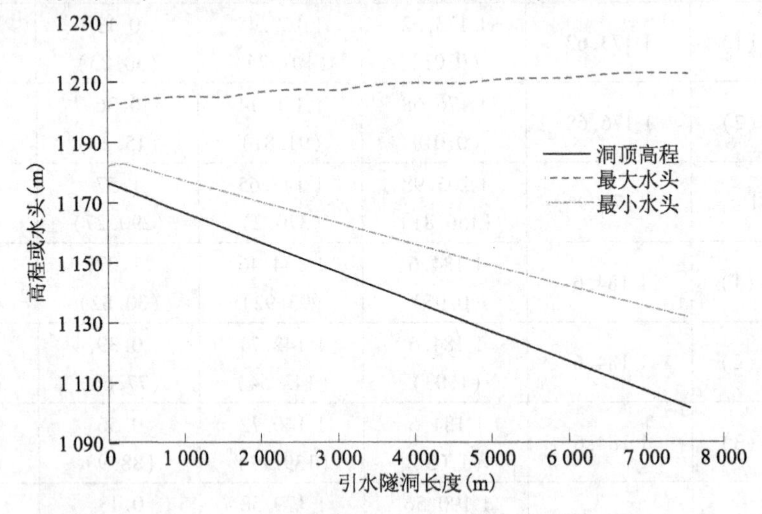

图 3-21 上游侧沿程压力包络线(引水隧洞段)

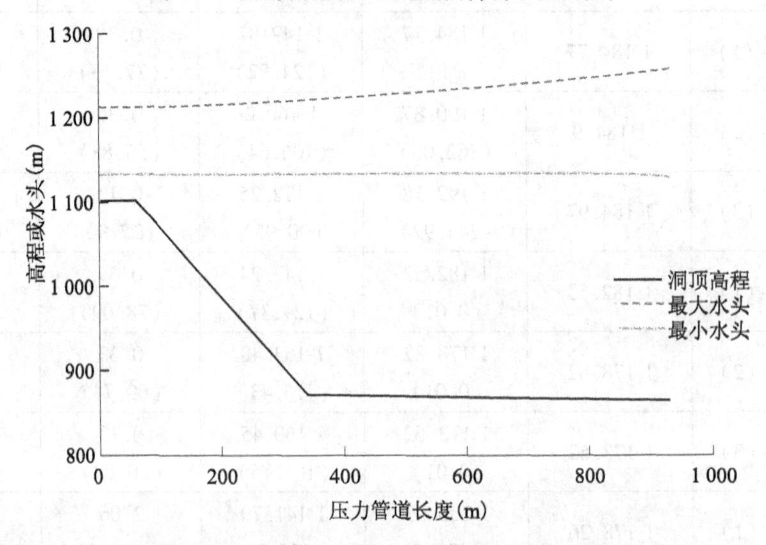

图 3-22 上游侧沿程压力包络线(压力钢管段)

由计算结果可知,所有工况下,压力输水系统上游侧各断面最高点处的最小压力为 0.059 MPa(6.010 mH_2O,桩号为引 0＋006),小于控制标准 0.02 MPa。

3.3.2.6 大波动计算结论

大波动过渡过程采用 11 s 直线关闭规律,各调保参数计算结果见表 3-77。

表 3-77 调保参数结果

调保参数	极值	控制标准
机组最大转速升高率(%)	50.14	60
蜗壳末端最大压力(mH_2O)	393.81	416.63
尾水管进口最小压力(mH_2O)	6.59	-7.14
上游调压室最高涌浪水位(m)	1 212.3	1 225.00
上游调压室最低涌浪水位(m)	1 132.53	1 104.62

由调保参数计算结果可知,采用 11 s 直线关闭规律时,各项机组调保参数均满足控制标准,且有较大安全裕度。在所有工况下,压力输水系统上游侧各断面最高点处的最小压力为 0.059 MPa(6.010 mH_2O,桩号为引 0+006),小于控制标准 0.02 MPa。上游调压室最高最低涌浪均满足控制标准,有较大安全裕度。尾水管进口最小压力裕度较大。

3.3.3 小波动过渡过程

3.3.3.1 计算工况

小波动过渡过程的计算目的是为了整定调速器参数;研究在负荷阶跃条件下,机组转速、导叶开度、机组出力变化规律,以保证机组的稳定运行、良好的调节品质和供电质量。由于水轮机运行范围较大,不同的工况点,水轮机的工作水头、引用流量、效率、出力有较大的差别,选择 6 种典型的计算工况,这些工况基本上对应了水轮机有代表性的工作水头以及引用流量。

计算工况包括:

工况 X1:下游 4 台机满发尾水位 876.28 m,额定水头 296 m,4 台机组额定出力时同时甩 10% 负荷。

工况 X2:下游 4 台机满发尾水位 876.28 m,额定水头 296 m,4 台机组 80% 额定出力时同时增 10% 负荷。

工况 X3:上游设计洪水位 1 200.4 m,下游设计洪水位 877.4 m,4 台机组额定出力时同时甩 10% 负荷。

工况 X4:上游设计洪水位 1 200.4 m,下游设计洪水位 877.4 m,4 台机组 80% 额定出力时同时增 10% 负荷。

工况 X5:上游死水位 1 185 m,下游尾水位 876.194 m,4 台机组 90% 额定出力时同时甩 10% 负荷。

工况 X6:上游死水位 1 185 m,下游尾水位 876.095 m,4 台机组 80% 额定出力时同时增 10% 负荷。

3.3.3.2 调速器参数整定

调速器参数首先按照斯坦因建议公式取值,即 $T_n = 0.5T_w$, $b_p + b_t = 1.5T_w/T_a$, $T_d = 3T_w$,其中 T_w 取机组所在管线的水流加速时间常数,T_a 为机组加速时间常数。通过计算和调整，调速器参数整定的最终结果为 $T_n=1, b_t=0.6, T_d=8$ s，电网负荷自调节系数 e_g 取0。

3.3.3.3 小波动过渡过程结果

按上一节调速器参数的小波动过渡过程计算结果见表3-78。

表3-78 小波动过渡过程机组参数计算结果

工况	机组号	N_1 (r/min)	N_2 (r/min)	N_3 (r/min)	调节时间(s) (0.2%带宽)	最大偏差	振荡次数	衰减度	超调量
X1	1	390.18 (4.58)	374.41 (189.88)	375.43 (346.36)	53.16	15.18	0.5	0.97	0.04
	2	390.18 (4.58)	374.41 (189.88)	375.43 (346.36)	53.16	15.18	0.5	0.97	0.04
	3	390.18 (4.58)	374.41 (189.88)	375.43 (346.36)	53.16	15.18	0.5	0.97	0.04
	4	390.18 (4.58)	374.41 (189.88)	375.43 (346.36)	53.16	15.18	0.5	0.97	0.04
X2	1	364.79 (3.52)	375.48 (182.54)	374.67 (343.72)	41.12	10.21	0.5	0.97	0.05
	2	364.79 (3.52)	375.48 (182.54)	374.67 (343.72)	41.12	10.21	0.5	0.97	0.05
	3	364.79 (3.52)	375.48 (182.54)	374.67 (343.72)	41.12	10.21	0.5	0.97	0.05
	4	364.79 (3.52)	375.48 (182.54)	374.67 (343.72)	41.12	10.21	0.5	0.97	0.05
X3	1	388.15 (3.36)	374.49 (188.46)	375.37 (345)	45.3	13.15	0.5	0.97	0.04
	2	388.15 (3.36)	374.49 (188.46)	375.37 (345)	45.3	13.15	0.5	0.97	0.04
	3	388.15 (3.36)	374.49 (188.46)	375.37 (345)	45.3	13.15	0.5	0.97	0.04
	4	388.15 (3.36)	374.49 (188.46)	375.37 (345)	45.3	13.15	0.5	0.97	0.04

续表 3-78

工况	机组号	N_1 (r/min)	N_2 (r/min)	N_3 (r/min)	调节时间(s)(0.2%带宽)	最大偏差	振荡次数	衰减度	超调量
X4	1	365.93 (3.08)	375.38 (181.18)	374.73 (342.36)	34.14	9.07	0.5	0.97	0.04
	2	365.93 (3.08)	375.38 (181.18)	374.73 (342.36)	34.14	9.07	0.5	0.97	0.04
	3	365.93 (3.08)	375.38 (181.18)	374.73 (342.36)	34.14	9.07	0.5	0.97	0.04
	4	365.93 (3.08)	375.38 (181.18)	374.73 (342.36)	34.14	9.07	0.5	0.97	0.04
X5	1	386.15 (3.28)	374.51 (187.38)	375.37 (339.08)	41.3	11.15	0.5	0.97	0.04
	2	386.15 (3.28)	374.51 (187.38)	375.37 (339.08)	41.3	11.15	0.5	0.97	0.04
	3	386.15 (3.28)	374.51 (187.38)	375.37 (339.08)	41.3	11.15	0.5	0.97	0.04
	4	386.15 (3.28)	374.51 (187.38)	375.37 (339.08)	41.3	11.15	0.5	0.97	0.04
X6	1	364.81 (3.52)	375.47 (182.52)	374.67 (343.7)	40.9	10.19	0.5	0.97	0.05
	2	364.81 (3.52)	375.47 (182.52)	374.67 (343.7)	40.9	10.19	0.5	0.97	0.05
	3	364.81 (3.52)	375.47 (182.52)	374.67 (343.7)	40.9	10.19	0.5	0.97	0.05
	4	364.81 (3.52)	375.47 (182.52)	374.67 (343.7)	40.9	10.19	0.5	0.97	0.05

注：表中括号内数字表示极值发生时刻，单位为 s。

3.3.3.4 小波动计算结论

由小波动计算结果可知，调速器参数取 $T_n=1, b_t=0.6, T_d=8$ s，在工况 X1 ~ X6 下，机组转速波动是收敛的，进入 0.2% 带宽所需的调节时间最长为 53.16 s（X1 工况），调节品质好。

3.3.4 水力干扰过渡过程

JH 一级电站 4 台机组共用一个上游调压室，在机组运行过程中必然存在水力干扰的问题,需要研究1台或几台机组负荷变化时对共用同一个上游调压室的正常运行机组的影响以及相应的上游调压室水位波动特征。

在水力干扰过渡过程的计算中考虑了两种情况:

(1)机组接入无穷大的电网条件下,机组的频率保持不变,系统中负荷的波动由电网承担,数值计算的目的是研究正常运行机组在受扰动情况下的出力变化对电网的冲击影响。

(2)机组接入有限电网,在电网中担负调频的任务,其能力将影响电网的供电质量,数值计算的目的就是研究运行机组在受扰动情况下的调节品质。

但是,联合供水单元内机组的水力干扰问题要比小波动问题剧烈得多,因此,不能要求调频调峰机组的调节品质达到和小波动一样的良好品质,而只能以波动是否衰减为判断条件,以保证事故不进一步扩大。

3.3.4.1　计算工况

工况GR1:下游4台机满发尾水位876.28 m,额定水头296 m,1#机组甩全负荷,2#、3#、4#机组正常运行;

工况GR2:下游4台机满发尾水位876.28 m,额定水头296 m,1#、2#机组甩全负荷,3#、4#机组正常运行;

工况GR3:下游4台机满发尾水位876.28 m,额定水头296 m,1#、2#、3#机组甩全负荷,4#机组正常运行;

工况GR4:下游4台机满发尾水位876.28 m,额定水头296 m,1#机组增全负荷,2#、3#、4#机组正常运行;

工况GR5:上游设计洪水位1 200.4 m,下游设计洪水位877.4 m,1#机组甩全负荷,2#、3#、4#机组正常运行;

工况GR6:上游设计洪水位1 200.4 m,下游设计洪水位877.4 m,1#、2#机组甩全负荷,3#、4#机组正常运行;

工况GR7:上游设计洪水位1 200.4 m,下游设计洪水位877.4 m,1#、2#、3#机组甩全负荷,4#机组正常运行;

工况GR8:上游设计洪水位1 200.4 m,下游设计洪水位877.4 m,1#机组增全负荷,2#、3#、4#机组正常运行;

工况GR9:上游死水位1 185 m,下游尾水位876.268 m,1#机组甩全负荷,2#、3#、4#机组正常运行;

工况GR10:上游死水位1 185 m,下游尾水位876.268 m,1#、2#机组甩全负荷,3#、4#机组正常运行;

工况GR11:上游死水位1 185 m,下游尾水位876.268 m,1#、2#、3#机组甩全负荷,4#机组正常运行;

工况GR12:上游死水位1 185 m,下游尾水位876.268 m,1#机组增全负荷,2#、3#、4#机组正常运行。

3.3.4.2 水力干扰计算结果

(1)调速器不参与调节条件下的水力干扰过渡过程

机组接入无穷大的电网条件下,机组的频率保持不变,系统中负荷的波动由电网承担,数值计算的目的是研究正常运行机组在受扰动情况下的出力变化对电网的冲击影响,其计算结果见表3-79和表3-80。

表3-79 并大网频率调节机组出力计算结果

工况	机组号	导叶初始开度(%)	机组初始水头(m)	机组初始流量(m^3/s)	机组初始出力(MW)	最大出力(MW)	向上最大偏差(%)	最小出力(MW)	向下最大偏差(%)
GR1	2	100	296.00	30.75	82.1	89.67 (91.42)	9.22	81.44 (0.01)	0.80
	3	100	296.00	30.75	82.1	89.37 (91.58)	8.86	81.44 (0.01)	0.80
	4	100	296.00	30.75	82.1	89.37 (91.58)	8.86	81.44 (0.01)	0.80
GR2	3	100	296.00	30.75	82.1	93.83 (104.35)	14.29	80.89 (270.53)	1.47
	4	100	296.00	30.75	82.1	93.83 (104.35)	14.29	80.89 (270.53)	1.47
GR3	4	100	296.00	30.75	82.1	99.41 (3.12)	21.08	76.42 (360.92)	6.92
GR4	2	100	302.41	31.21	84.96	85.24 (0.08)	0.33	78.61 (99.46)	7.47
	3	100	301.84	31.17	84.7	84.81 (0.17)	0.13	78.61 (99.46)	7.19
	4	100	301.84	31.17	84.7	84.81 (0.17)	0.13	78.61 (99.46)	7.19
GR5	2	92.81	304.36	29.76	82.11	89.22 (89.79)	8.66	81.59 (0.01)	0.63
	3	92.81	304.36	29.76	82.11	88.94 (90.32)	8.32	81.59 (0.01)	0.63
	4	92.81	304.36	29.76	82.11	88.94 (90.32)	8.32	81.59 (0.01)	0.63

续表 3-79

工况	机组号	导叶初始开度（%）	机组初始水头（m）	机组初始流量（m^3/s）	机组初始出力（MW）	最大出力（MW）	向上最大偏差（%）	最小出力（MW）	向下最大偏差（%）
GR6	3	92.81	304.36	29.76	82.11	92.68 （3.12）	12.87	81.51 （383.38）	0.73
	4	92.81	304.36	29.76	82.11	92.68 （3.12）	12.87	81.51 （383.38）	0.73
GR7	4	92.81	304.36	29.76	82.11	99.15 （3.12）	20.75	78.63 （544.91）	4.24
GR8	2	92.81	310.35	30.17	84.73	85.13 （0.08）	0.47	78.83 （98.95）	6.96
	3	92.81	309.81	30.13	84.5	84.71 （0.17）	0.25	78.83 （98.95）	6.71
	4	92.81	309.81	30.13	84.5	84.71 （0.17）	0.25	78.83 （98.95）	6.71
GR9	2	100	289.44	30.27	79.13	86.6 （91.23）	9.44	78.56 （0.01）	0.72
	3	100	289.44	30.27	79.13	86.31 （91.23）	9.07	78.56 （0.01）	0.72
	4	100	289.44	30.27	79.13	86.31 （91.23）	9.07	78.56 （0.01）	0.72
GR10	3	100	289.44	30.27	79.13	93.38 （90.87）	18.01	77.92 （245.11）	1.53
	4	100	289.44	30.27	79.13	93.38 （90.87）	18.01	77.92 （245.11）	1.53
GR11	4	100	289.44	30.27	79.13	96.06 （3.12）	21.40	72.65 （292.88）	8.19
GR12	2	100	295.65	30.73	81.95	82.15 （0.08）	0.24	75.75 （99.46）	7.57
	3	100	295.09	30.69	81.7	81.86 （0.17）	0.20	75.75 （99.46）	7.28
	4	100	295.09	30.69	81.7	81.86 （0.17）	0.20	75.75 （99.46）	7.28

注：表中括号内数字表示极值发生时刻，单位为 s。

表 3-80 并大网开度调节调压室涌浪计算结果

工况	上游调压室初始水位(m)	上游调压室最高涌浪(m)	上游调压室最低涌浪(m)	上游调压室向下最大压差(m)	上游调压室向上最大压差(m)
GR1	1 177.7	1 193.67 (91.08)	1 177.7 (0.91)	0.05 (159.41)	0.22 (11.79)
GR2	1 177.7	1 203.41 (103.07)	1 173.71 (269.95)	0.29 (189.56)	0.91 (11.79)
GR3	1 177.7	1 205.23 (143.65)	1 162.47 (360.59)	0.86 (284.62)	2.12 (11.78)
GR4	1 182.99	1 182.99 (0.01)	1 169.81 (98.66)	0.13 (30.83)	0.03 (159.39)
GR5	1 186.83	1 202.15 (90.12)	1 186.83 (0.91)	0.05 (159.41)	0.21 (11.04)
GR6	1 186.83	1 204.45 (148.89)	1 184.14 (382.84)	0.22 (303.68)	0.86 (11.01)
GR7	1 186.83	1 207.08 (218.18)	1 176.46 (544.39)	0.55 (462.57)	2 (11.01)
GR8	1 191.76	1 191.76 (0.01)	1 179.09 (97.93)	0.12 (28.29)	0.03 (159.39)
GR9	1 170.96	1 186.62 (90.76)	1 170.95 (0.91)	0.05 (159.41)	0.21 (11.79)
GR10	1 170.96	1 202.38 (90.73)	1 166.85 (244.57)	0.29 (167.15)	0.88 (11.79)
GR11	1 170.96	1 204.26 (113.46)	1 154.25 (292.56)	0.93 (209.18)	2.06 (11.79)
GR12	1 176.08	1 176.08 (0.01)	1 163.15 (98.66)	0.13 (30.83)	0.03 (159.39)

注:表中括号内数字表示极值发生时刻,单位为 s。

(2)调速器参与调节条件下的水力干扰过渡过程

水力干扰过渡过程数值计算中,调速器参数仍选用小波动过渡过程整定参数:T_d = 8 s,b_p = 0.0,b_t = 0.6,T_n = 1,各个工况下水力干扰过渡过程计算结果见表 3-81 和表 3-82。

表 3-81　　并小网频率调节机组出力计算结果

工况	机组号	导叶初始开度（%）	机组初始水头（m）	机组初始流量（m^3/s）	机组初始出力（MW）	最大出力（MW）	向上最大偏差（%）	最小出力（MW）	向下最大偏差（%）
GR1	2	100	296.00	30.75	82.1	87.58（1.56）	6.67	80.94（13.99）	1.41
	3	100	296.00	30.75	82.1	87.04（1.56）	6.02	80.77（13.86）	1.62
	4	100	296.00	30.75	82.1	87.04（1.56）	6.02	80.77（13.86）	1.62
GR2	3	100	296.00	30.75	82.1	89.91（1.53）	9.51	79.48（13.5）	3.19
	4	100	296.00	30.75	82.1	89.91（1.53）	9.51	79.48（13.5）	3.19
GR3	4	100	296.00	30.75	82.1	93.77（1.56）	14.21	77.9（15.71）	5.12
GR4	2	100	302.41	31.21	84.96	85.16（141.21）	0.24	83.26（1.69）	2.00
	3	100	301.84	31.17	84.7	84.93（141.97）	0.27	83.17（1.69）	1.81
	4	100	301.84	31.17	84.7	84.93（141.97）	0.27	83.17（1.69）	1.81
GR5	2	92.81	304.36	29.76	82.11	88.07（1.56）	7.26	79.54（12.31）	3.13
	3	92.81	304.36	29.76	82.11	87.38（1.54）	6.42	79.79（12.35）	2.83
	4	92.81	304.36	29.76	82.11	87.38（1.54）	6.42	79.79（12.35）	2.83
GR6	3	92.81	304.36	29.76	82.11	90.76（1.54）	10.53	77.22（12.22）	5.96
	4	92.81	304.36	29.76	82.11	90.76（1.54）	10.53	77.22（12.22）	5.96

续表 3-81

工况	机组号	导叶初始开度（%）	机组初始水头（m）	机组初始流量（m^3/s）	机组初始出力（MW）	最大出力（MW）	向上最大偏差（%）	最小出力（MW）	向下最大偏差（%）
GR7	4	92.81	304.36	29.76	82.11	94.15 (1.56)	14.66	74.66 (12.09)	9.07
GR8	2	92.81	310.35	30.17	84.73	84.84 (125.49)	0.13	83.02 (1.69)	2.02
	3	92.81	309.81	30.13	84.5	84.69 (131.13)	0.22	82.94 (1.69)	1.85
	4	92.81	309.81	30.13	84.5	84.69 (131.13)	0.22	82.94 (1.69)	1.85
GR9	2	100	289.44	30.27	79.13	84.48 (1.56)	6.76	78.24 (14.27)	1.12
	3	100	289.44	30.27	79.13	83.95 (1.56)	6.09	77.66 (13.76)	1.86
	4	100	289.44	30.27	79.13	83.95 (1.56)	6.09	77.66 (13.76)	1.86
GR10	3	100	289.44	30.27	79.13	86.82 (1.54)	9.72	76.54 (13.52)	3.27
	4	100	289.44	30.27	79.13	86.82 (1.54)	9.72	76.54 (13.52)	3.27
GR11	4	100	289.44	30.27	79.13	89.95 (1.53)	13.67	74.98 (15.67)	5.24
GR12	2	100	295.65	30.73	81.95	82.14 (141.81)	0.23	80.23 (1.69)	2.10
	3	100	295.09	30.69	81.7	82.02 (146.62)	0.39	80.12 (1.69)	1.93
	4	100	295.09	30.69	81.7	82.02 (146.62)	0.39	80.12 (1.69)	1.93

注：表中括号内数字表示极值发生时刻，单位为 s。

表 3-82　　并小网频率调节调压室涌浪计算结果

工况	上游调压室初始水位（m）	上游调压室最高涌浪（m）	上游调压室最低涌浪（m）	上游调压室向下最大压差（m）	上游调压室向上最大压差（m）
GR1	1 177.7	1 198.53 （99.03）	1 173.18 （259.25）	0.13 （174.59）	0.29 （11.79）
GR2	1 177.7	1 203.88 （115.19）	1 166.14 （300.31）	0.47 （224.38）	1.1 （11.79）
GR3	1 177.7	1 205.56 （149.99）	1 157.75 （376.92）	1 （299.2）	2.34 （11.78）
GR4	1 182.99	1 184.57 （285.14）	1 164.25 （117.33）	0.17 （30.91）	0.08 （189.78）
GR5	1 186.83	1 202.93 （103.53）	1 183.12 （274.33）	0.11 （189.77）	0.28 （11）
GR6	1 186.83	1 204.88 （163.85）	1 180.16 （424.35）	0.28 （349.24）	1.03 （11.01）
GR7	1 186.83	1 207.42 （226.01）	1 173.44 （558.85）	0.62 （476.36）	2.2 （11.01）
GR8	1 191.76	1 192.53 （272.67）	1 174.95 （109.43）	0.16 （28.29）	0.06 （174.6）
GR9	1 170.96	1 191.45 （98.28）	1 166.21 （259.13）	0.13 （174.59）	0.29 （11.79）
GR10	1 170.96	1 203.15 （99.15）	1 157.42 （262.57）	0.53 （182.39）	1.07 （11.79）
GR11	1 170.96	1 204.54 （118.8）	1 148.51 （306.87）	1.12 （224.35）	2.27 （11.79）
GR12	1 176.08	1 178.05 （286.03）	1 157.5 （117.86）	0.17 （30.91）	0.08 （204.96）

注：表中括号内数字表示极值发生时刻，单位为 s。

3.3.4.3　水力干扰计算结论

分析水力干扰过渡过程计算结果，可得如下结论：

（1）由表 3-79 可知，机组接入无穷大的电网条件下，机组的频率保持不变，1 台机组甩全负荷，其余机组的出力向上最大偏差是 9.44%，出力向下最大偏差是 0.80%；2 台机组甩全负荷，其余机组的出力向上最大偏差是 18.01%，出力向下最大偏差是 1.53%；3

台机组甩全负荷,其余机组的出力向上最大偏差是 21.40%,出力向下最大偏差是 8.19%;1 台机组增全负荷,其余机组的出力向上最大偏差是 0.47%,出力向下最大偏差是 7.57%,均满足要求。

(2)由表 3-81 可知,机组接入有限电网,在水力干扰过渡过程中,1 台机组甩全负荷,其余机组的出力向上最大偏差是 7.26%,出力向下最大偏差是 3.13%;2 台机组甩全负荷,其余机组的出力向上最大偏差是 10.53%,出力向下最大偏差是 5.96%;3 台机组甩全负荷,其余机组的出力向上最大偏差是 14.66%,出力向下最大偏差是 9.07%;1 台机组增全负荷,其余机组的出力向上最大偏差是 0.39%,出力向下最大偏差是 2.10%,均满足要求。

4 结论与分析

4.1 科哈拉水电站过渡过程计算结论与分析

4.1.1 大波动过渡过程计算结论与分析

大波动过渡过程采用10 s直线关闭规律，GD^2取18 600 t·m^2，各调保参数计算结果如表4-1。

表4-1　　大波动过渡过程调保参数计算结果

调保参数	极值	控制标准
蜗壳末端最大压力(mH_2O)	391.66	416.88
尾水管最小压力(mH_2O)	-3.81	-7.2
机组最大转速升高率(%)	48.16	50
上游调压室最高涌浪水位(m)	941.84	942.00
上游调压室最低涌浪水位(m)	842.44	841.50
尾水调压洞最高涌浪水位(m)	609.48	610.00
尾水调压洞最低涌浪水位(m)	573.25	566.00

由表4-1计算结果可知，采用10 s直线关闭规律时，各项机组调保参数均满足控制标准，蜗壳最大动水压力、尾水管最大真空度、机组最大转速升高率均有一定的安全裕度。引水系统隧洞沿线断面最高点处的最小压力为0.021 5 MPa(2.194 mH_2O，桩号为TB15631.41)，满足控制标准0.02 MPa。上游调压室最高最低涌浪均满足控制标准，有一定安全裕度。尾水调压洞最低涌浪满足控制标准，安全裕度较大；尾水调压洞最高涌浪满足满足控制标准，但安全裕度不大，可适当增加尾水调压洞出口高程或在出口设置挡墙。

4.1.2 小波动过渡过程计算结论与分析

小波动过渡过程转速计算结果见表4-2。

表4-2　　小波动过渡过程转速计算结果

工况	机组号	N_1 (r/min)	N_2 (r/min)	N_3 (r/min)	调节时间(s)(0.2%带宽)	最大偏差	振荡次数	衰减度	超调量
X1	1	220.36 (3.78)	213.96 (275.3)	214.57 (461.28)	39.44	6.06	0.5	0.96	0.06
	2	220.4 (3.78)	213.96 (274.56)	214.57 (461.94)	39.36	6.1	0.5	0.96	0.06

续表 4-2

工况	机组号	N_1 (r/min)	N_2 (r/min)	N_3 (r/min)	调节时间(s)(0.2%带宽)	最大偏差	振荡次数	衰减度	超调量
X2	1	220.88 (4.06)	213.89 (275.62)	214.68 (463.26)	45	6.58	0.5	0.94	0.06
	2	220.93 (4.06)	213.89 (275.62)	214.67 (461.8)	45.02	6.63	0.5	0.94	0.06
X3	1	220.63 (4.16)	213.86 (290.64)	214.71 (467.12)	298.88	6.33	1	0.94	0.07
	2	220.68 (4.16)	213.86 (291.9)	214.71 (465.56)	297.72	6.38	1	0.94	0.07
X4	1	210.24 (3.46)	214.55 (266.56)	214.11 (504.78)	29.88	4.06	0.5	0.95	0.06
	2	210.25 (3.46)	214.54 (265.76)	214.11 (502.88)	29.78	4.05	0.5	0.95	0.06
X5	1	209.3 (3.92)	214.7 (272.44)	213.97 (519.78)	40.58	5	0.5	0.93	0.08
	2	209.32 (3.92)	214.69 (269.24)	213.97 (519.04)	40.58	4.98	0.5	0.93	0.08
X6	1	209.52 (4)	214.71 (266.48)	213.95 (523.18)	40.44	4.78	0.5	0.93	0.09
	2	209.54 (4.04)	214.71 (265.42)	213.95 (520.84)	40.42	4.76	0.5	0.93	0.09
X7	1	220.52 (3.8)	213.95 (275.62)	214.59 (469.18)	41.72	6.22	0.5	0.95	0.06
	2	220.59 (3.84)	213.95 (275.6)	214.59 (469.62)	41.74	6.29	0.5	0.95	0.06
	3	220.64 (3.84)	213.95 (276.54)	214.59 (471.14)	41.64	6.34	0.5	0.95	0.05
	4	220.61 (3.84)	213.96 (276.54)	214.59 (471.84)	41.64	6.31	0.5	0.95	0.05

续表 4-2

工况	机组号	N_1 (r/min)	N_2 (r/min)	N_3 (r/min)	调节时间(s)(0.2%带宽)	最大偏差	振荡次数	衰减度	超调量
X8	1	220.89 (4.1)	213.9 (275.62)	214.68 (461.1)	45.92	6.59	0.5	0.94	0.06
	2	220.97 (4.06)	213.9 (275.62)	214.68 (459.78)	46.06	6.67	0.5	0.94	0.06
	3	221.04 (3.94)	213.9 (276.54)	214.68 (461.64)	46.04	6.74	0.5	0.94	0.06
	4	221 (3.92)	213.9 (296.52)	214.68 (463.62)	46.24	6.7	0.5	0.94	0.06
X9	1	220.64 (4.18)	213.86 (293.62)	214.72 (465.18)	300.52	6.34	1	0.93	0.07
	2	220.72 (4.18)	213.87 (294.52)	214.72 (463.96)	299.12	6.42	1	0.93	0.07
	3	220.78 (4.12)	213.87 (294.56)	214.72 (465.8)	298.1	6.48	1	0.94	0.07
	4	220.74 (4.12)	213.87 (293.84)	214.72 (467.56)	299.34	6.44	1	0.93	0.07
X10	1	210.14 (3.56)	214.55 (269)	214.09 (478.34)	32	4.16	0.5	0.95	0.06
	2	210.13 (3.52)	214.55 (268.74)	214.09 (478.34)	31.86	4.17	0.5	0.95	0.06
	3	210.07 (3.32)	214.55 (267.82)	214.09 (480.04)	31.8	4.23	0.5	0.95	0.06
	4	210.03 (3.32)	214.55 (267.12)	214.09 (480.04)	31.78	4.27	0.5	0.95	0.06
X11	1	209.25 (3.96)	214.7 (271.1)	213.96 (505.1)	42.86	5.05	0.5	0.93	0.08
	2	209.26 (3.86)	214.7 (270.86)	213.96 (504.94)	42.96	5.04	0.5	0.93	0.08

续表 4-2

工况	机组号	N_1 (r/min)	N_2 (r/min)	N_3 (r/min)	调节时间(s)(0.2%带宽)	最大偏差	振荡次数	衰减度	超调量
X11	3	209.17 (3.94)	214.7 (270.58)	213.96 (506.02)	43.2	5.13	0.5	0.93	0.08
	4	209.13 (3.74)	214.7 (270.4)	213.95 (505.62)	43.46	5.17	0.5	0.93	0.08
X12	1	209.6 (4.04)	214.63 (269.72)	214.02 (499.54)	37	4.7	0.5	0.94	0.07
	2	209.6 (4.04)	214.63 (269.4)	214.02 (499.38)	36.92	4.7	0.5	0.94	0.07
	3	209.53 (4.06)	214.63 (268.5)	214.02 (500.88)	36.94	4.77	0.5	0.94	0.07
	4	209.49 (4.08)	214.62 (267.78)	214.02 (500.72)	37	4.81	0.5	0.94	0.07

注:表中括号内数字表示极值发生时刻,单位为 s。

由小波动过渡过程转速计算结果可知,调速器参数 $T_n=1$, $b_t=0.5$, $T_d=8$ s,在工况 X1 ~ X12 下,机组转速波动是收敛的,进入 0.2% 带宽所需的调节时间最长为 300.52 s (X9 工况)。

4.1.3 水力干扰计算结论

分析水力干扰过渡过程计算结果,可得如下结论:

(1)机组接入无穷大的电网条件下,机组的频率保持不变,在水力干扰过渡过程中,机组出力向上摆动幅度最大为 25.10%(GR3 工况),向下摆动幅度最大为 20.57%(GR6 工况),但机组出力总体是收敛趋势。

(2)机组接入有限电网,在水力干扰过渡过程中,机组出力向上摆动幅度最大为 7.53%(GR1 工况),向下摆动幅度最大为 1.84%(GR1 工况),但机组出力总体是收敛趋势。

(3)分别对比 6 组工况(GR1 和 GR7、GR2 和 GR8、GR3 和 GR9、GR4 和 GR10、GR5 和 GR11、GR6 和 GR12)中 1#机组的出力变化可知,二单元机组运行与停机对一单元的水力过渡过程影响较小。

(4)水力干扰的频率调节出力的摆动幅值小于开度调节出力的摆动幅值。

4.2 齐热哈塔尔水电站过渡过程计算结论与分析

4.2.1 大波动过渡过程计算结论与分析

(1)计算结果表明,蜗壳最大动水压力和机组转速最大上升率的控制工况均为工况

D11,即上游正常蓄水位 2 743.00 m,3 台机额定工况运行,先甩 2 台机,1 台机正常运行,在调压室涌浪最高时刻,再甩 1 台机。

(2)水轮机导叶关闭规律建议采用 8 s 直线关闭规律,即从 100% 相对开度关闭到 0 开度的时间为 8 s,各工况的关闭时间根据初始开度进行折减,并以 34 mm 作为 a_0 值。

(3)机组转动惯量建议使用制造厂给定的 950 t · m^2。

(4)调压室最终设计方案是可行的,即采用带阻抗孔的双室式调压室,竖井直径 10 m,扣除闸门墩面积后的有效面积为 63.617 m^2(当量直径为 9m),阻抗孔面积 8.042 m^2(当量直径 3.2 m)。底部高程 2 657.40 m,顶部平台高程为 2 795.00 m,竖井高 137.6 m。调压室上室长 150 m,断面尺寸 8 m ×(8.5 ~ 10) m(宽 × 高,城门洞型),进口底板高程 2 747.50 m。下室长 65.0 m,直径 8.0 m,进口底板高程 2 661.00 m。

(5)在上述建议方案下,蜗壳末端最大动水压力为 459.11 m,机组转速最大上升率为 49.16%,尾水管进口最小压力为 2.04 m,控制工况均为 D11;调压室最高涌浪为 2 753.26 m,控制工况为 D13;调压室最低涌浪为 2 666.04 m,控制工况为 D5。

(6)本书列出了两个阶段下的计算结果,在各阶段下的设计资料和设计方案下,调保参数和调压室涌浪均满足设计要求,根据计算结果和最终的验收资料,推荐采用最终设计方案。

4.2.2 小波动过渡过程计算结论与分析

所有小波动工况均可在 30.0 s 内进入 ±0.2% 的转速频带偏差内,在不考虑电网负荷自调节能力的条件下,小波动调节品质很好。在小波动过程中,调压室的水位也相应发生水位波动,其向上最大振幅为 21.21 m,向下最大振幅为 0.01 m。

4.2.3 水力干扰过渡过程计算结论与分析

由上述频率调节和开度调节水力干扰过渡过程计算结果,表明 2 台机甩(增)负荷对正常运行的机组的影响比较大,1 台机甩(增)负荷的影响相对较小。

调速器参与动作的水力干扰过渡过程,正常运行机组在受到其他机组的干扰后,其出力最大振幅可达 24.41 MW,调速器不参与动作的水力干扰过渡过程,正常运行机组在受到其他机组的干扰后,其出力最大振幅可达 28.65 MW,说明 2 台机突甩负荷时对第 3 台机组的运行还是比较大的,但是持续时间比较短,并且波动是收敛的,进入 0.2% 带宽的时间视工况最大为 143.2 s,说明齐热哈塔尔水电站的引水发电系统具有一定的抗水力干扰能力,运行是稳定可靠的,推荐采用调速器参与动作的频率调节方式。

综上所述,若采用调压室最终设计方案,则整个引水发电系统具有良好的调节品质和运行稳定性,布置合理可行,故推荐采用该设计方案。

4.3 JH 水电站过渡过程计算结论与分析

4.3.1 大波动过渡过程计算结论与分析

大波动过渡过程采用 11 s 直线关闭规律,GD^2 取 1 500 t · m^2,调保参数计算结果见表 4-3。

表 4-3 调保参数结果

调保参数	极值	控制标准
机组最大转速升高率(%)	50.14	60
蜗壳末端最大压力(mH_2O)	393.81	416.63
尾水管进口最小压力(mH_2O)	6.59	-7.14
上游调压室最高涌浪水位(m)	1 212.3	1 225.00
上游调压室最低涌浪水位(m)	1 132.53	1 104.62

由调保参数计算结果可知,采用 11 s 直线关闭规律时,各项机组调保参数均满足控制标准,且有较大安全裕度。在所有工况下,压力输水系统上游侧各断面最高点处的最小压力为 0.059 MPa(6.010 mH_2O,桩号为引 0+006),小于控制标准 0.02 MPa。上游调压室最高最低涌浪均满足控制标准,有较大安全裕度。尾水管进口最小压力裕度较大。

由于引水发电系统的调保参数都有较大安全裕度,因此,本电站引水发电管道系统还可进一步优化。

4.3.2 小波动过渡过程计算结论与分析

由小波动计算结果可知,调速器参数取 $T_n=1$,$b_t=0.6$,$T_d=8$ s,在工况 X1 ~ X6 下,机组转速波动是收敛的,进入 0.2% 带宽所需的调节时间最长为 53.16s(X1 工况),调节品质好。

4.3.3 水力干扰过渡过程计算结论与分析

由水力干扰过渡过程计算结果可知:

(1)机组接入无穷大的电网条件下,机组的频率保持不变,1 台机组甩全负荷,其余机组的出力向上最大偏差是 9.44%,出力向下最大偏差是 0.80%;2 台机组甩全负荷,其余机组的出力向上最大偏差是 18.01%,出力向下最大偏差是 1.53%;3 台机组甩全负荷,其余机组的出力向上最大偏差是 21.40%,出力向下最大偏差是 8.19%;1 台机组增全负荷,其余机组的出力向上最大偏差是 0.47%,出力向下最大偏差是 7.57%,均满足要求。

(2)机组接入有限电网,在水力干扰过渡过程中,1 台机组甩全负荷,其余机组的出力向上最大偏差是 7.26%,出力向下最大偏差是 3.13%;2 台机组甩全负荷,其余机组的出力向上最大偏差是 10.53%,出力向下最大偏差是 5.96%;3 台机组甩全负荷,其余机组的出力向上最大偏差是 14.66%,出力向下最大偏差是 9.07%;1 台机组增全负荷,其余机组的出力向上最大偏差是 0.39%,出力向下最大偏差是 2.10%,均满足要求。

附录

附录 A　科哈拉水电站附图

A.1　大波动计算工况计算结果图

A.1.1　工况 D5 计算结果调保参数附图

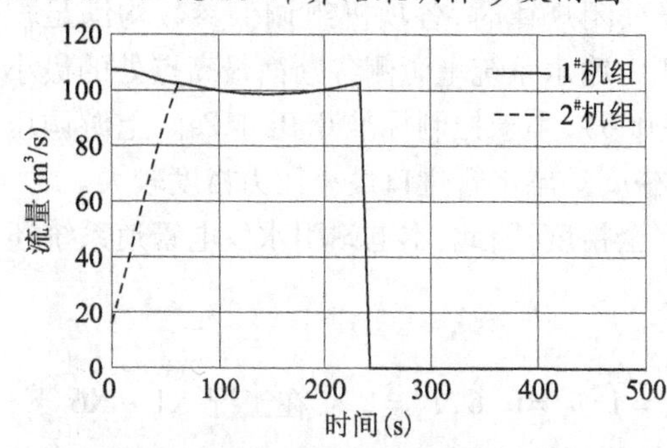

图 A-1　工况 D5 机组流量变化过程

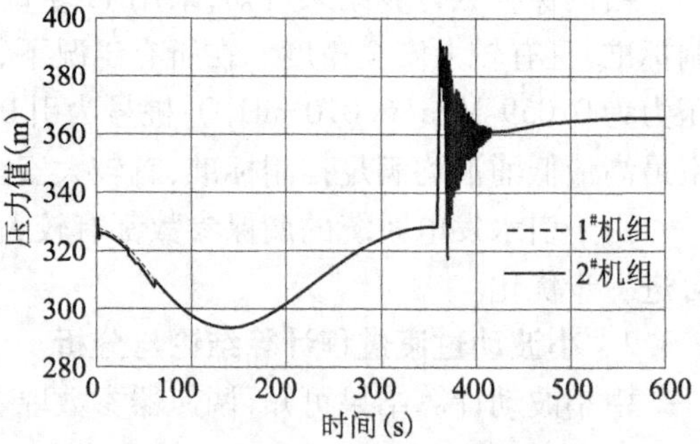

图 A-2　工况 D5 机组蜗壳压力变化过程

A.1.2　工况 D6 - 1 计算结果调保参数附图

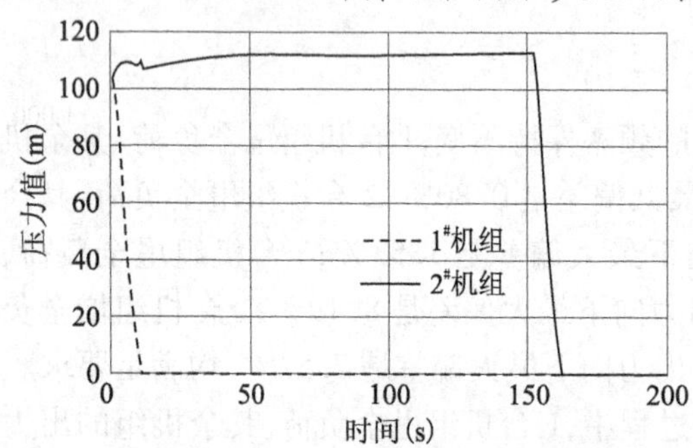

图 A-3　工况 D6 - 1 机组流量变化过程

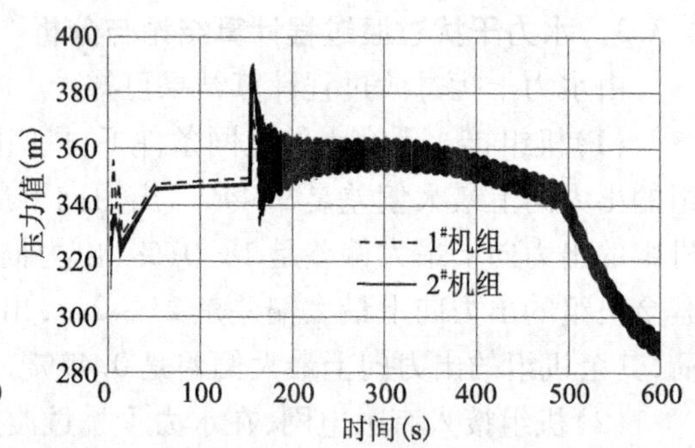

图 A-4　工况 D6 - 1 机组蜗壳压力变化过程

A.1.3　工况 D9 计算结果调保参数附图

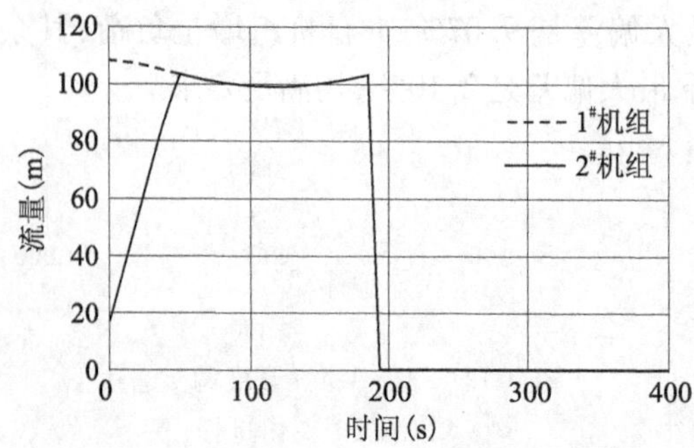

图 A-5　工况 D9 机组流量变化过程

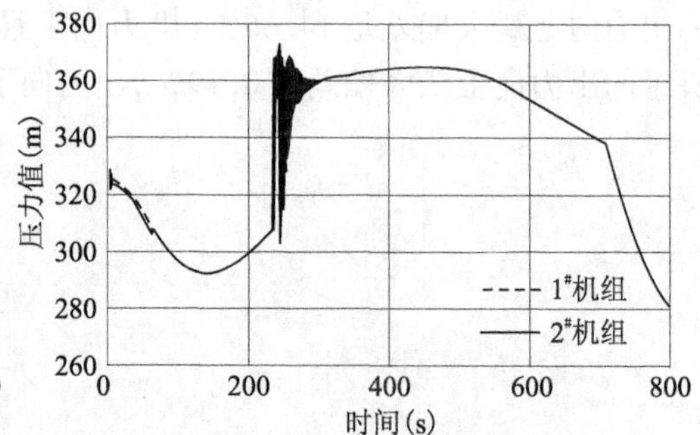

图 A-6　工况 D9 机组蜗壳压力变化过程

A.2 小波动计算工况计算结果图

A.2.1 工况 X3 计算结果调保参数附图

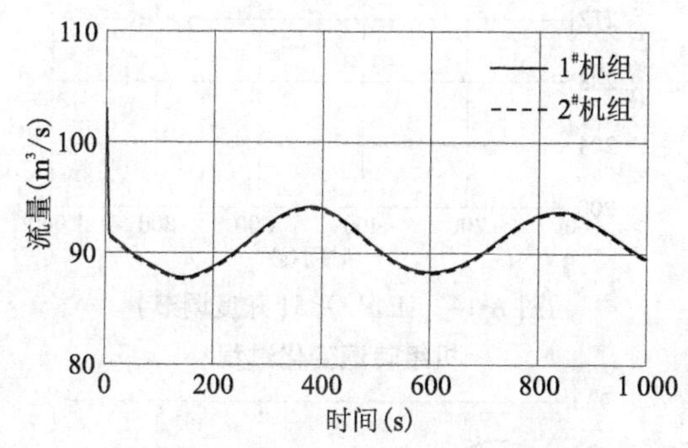

图 A-7 工况 X3 机组流量变化过程

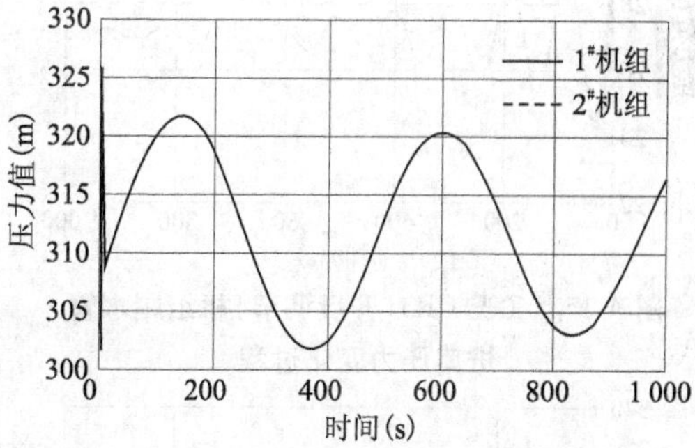

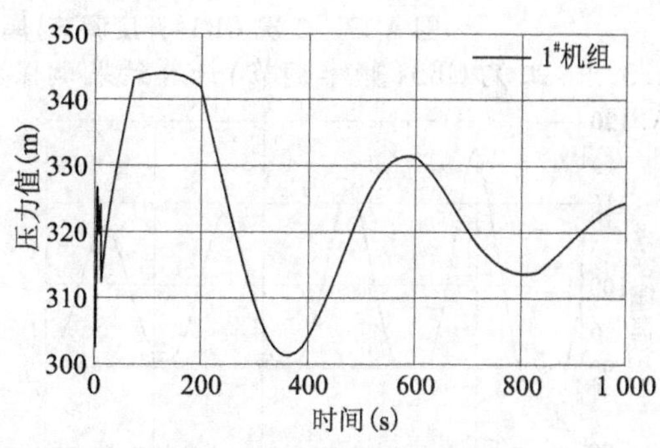

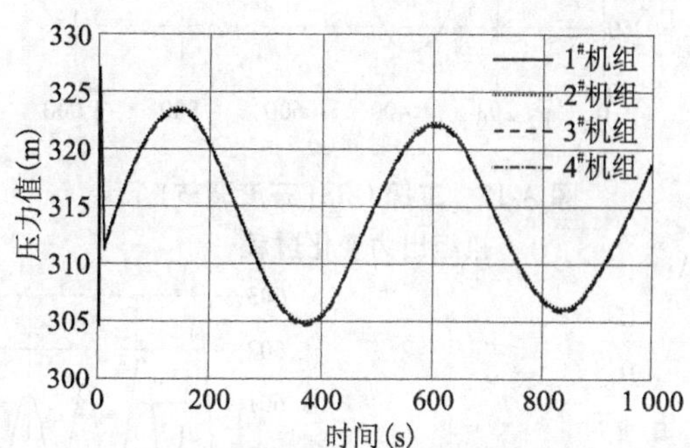

图 A-8 工况 X3 机组蜗壳压力变化过程

A.2.2 工况 X9 计算结果调保参数附图

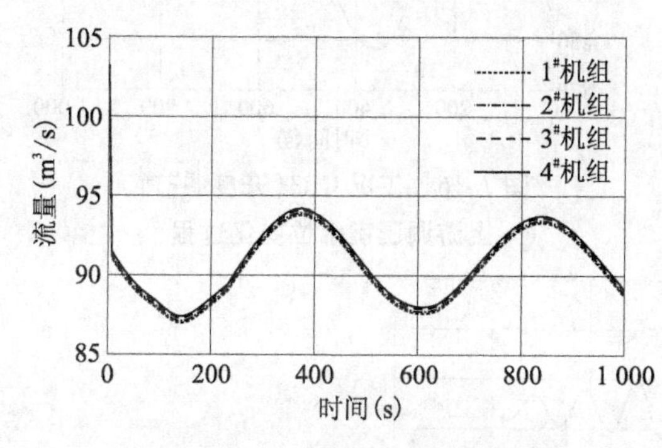

图 A-9 工况 X9 机组流量变化过程

图 A-10 工况 X9 机组蜗壳压力变化过程

A.3 水力干扰计算工况计算结果图

A.3.1 工况 GR3(开度调节)计算结果调保参数附图

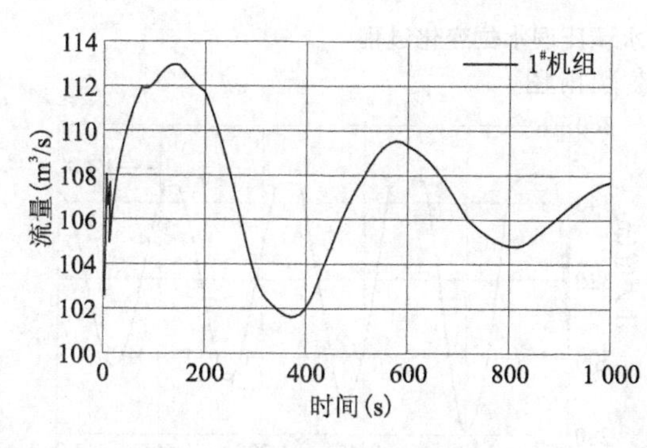

图 A-11 工况 GR3(开度调节)机组流量变化过程

图 A-12 工况 GR3(开度调节)机组蜗壳压力变化过程

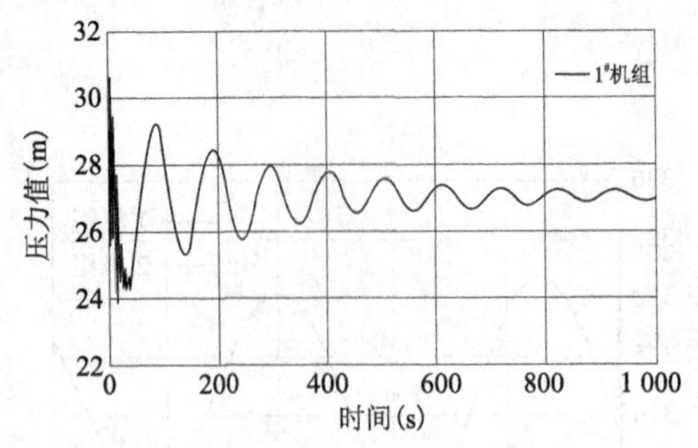

图 A-13 工况 GR3(开度调节)机组尾水管进口压力变化过程

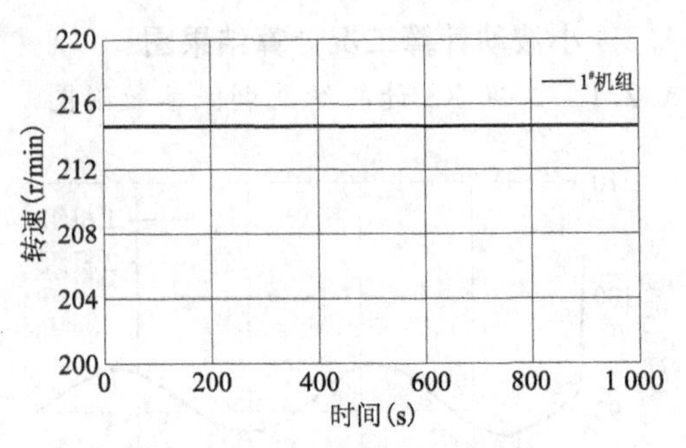

图 A-14 工况 GR3(开度调节)机组转速变化过程

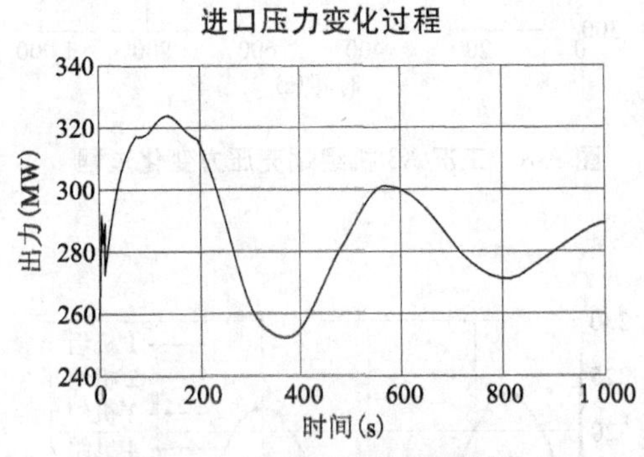

图 A-15 工况 GR3(开度调节)机组出力变化过程

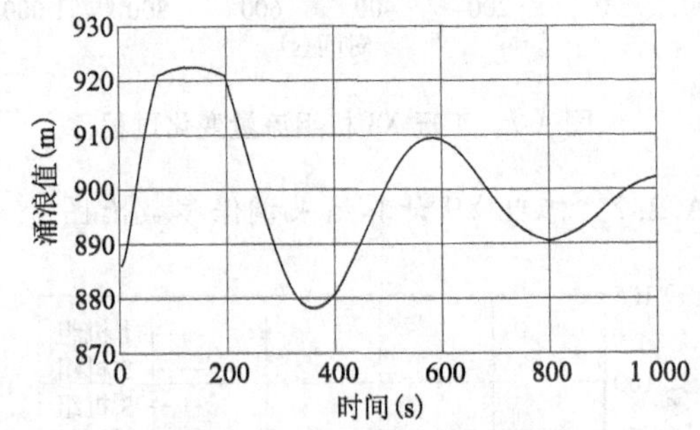

图 A-16 工况 GR3(开度调节)上游调压室水位变化过程

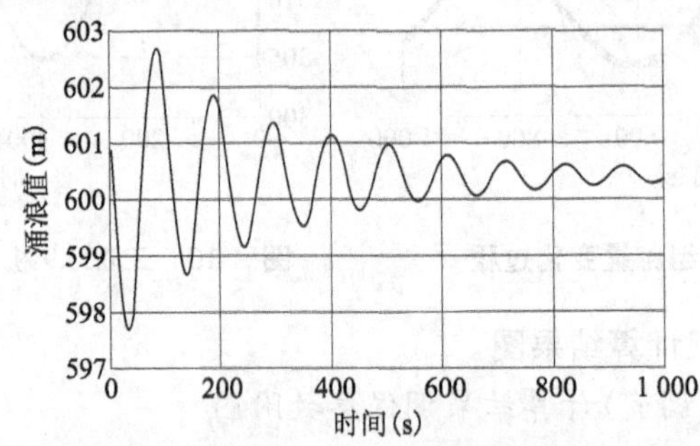

图 A-17 工况 GR3(开度调节)尾水调压洞水位变化过程

A.3.2 工况 GR3(频率调节)计算结果调保参数附图

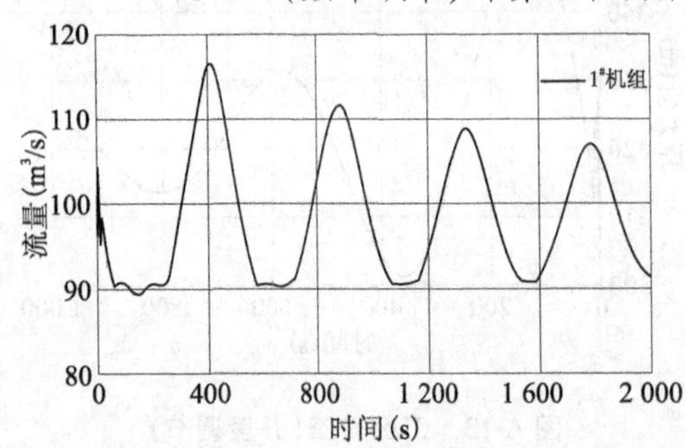

图 A-18 工况 GR3(频率调节)机组流量变化过程

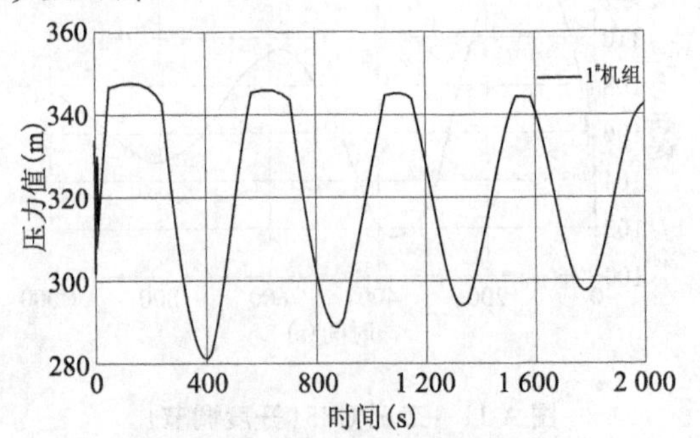

图 A-19 工况 GR3(频率调节)机组蜗壳压力变化过程

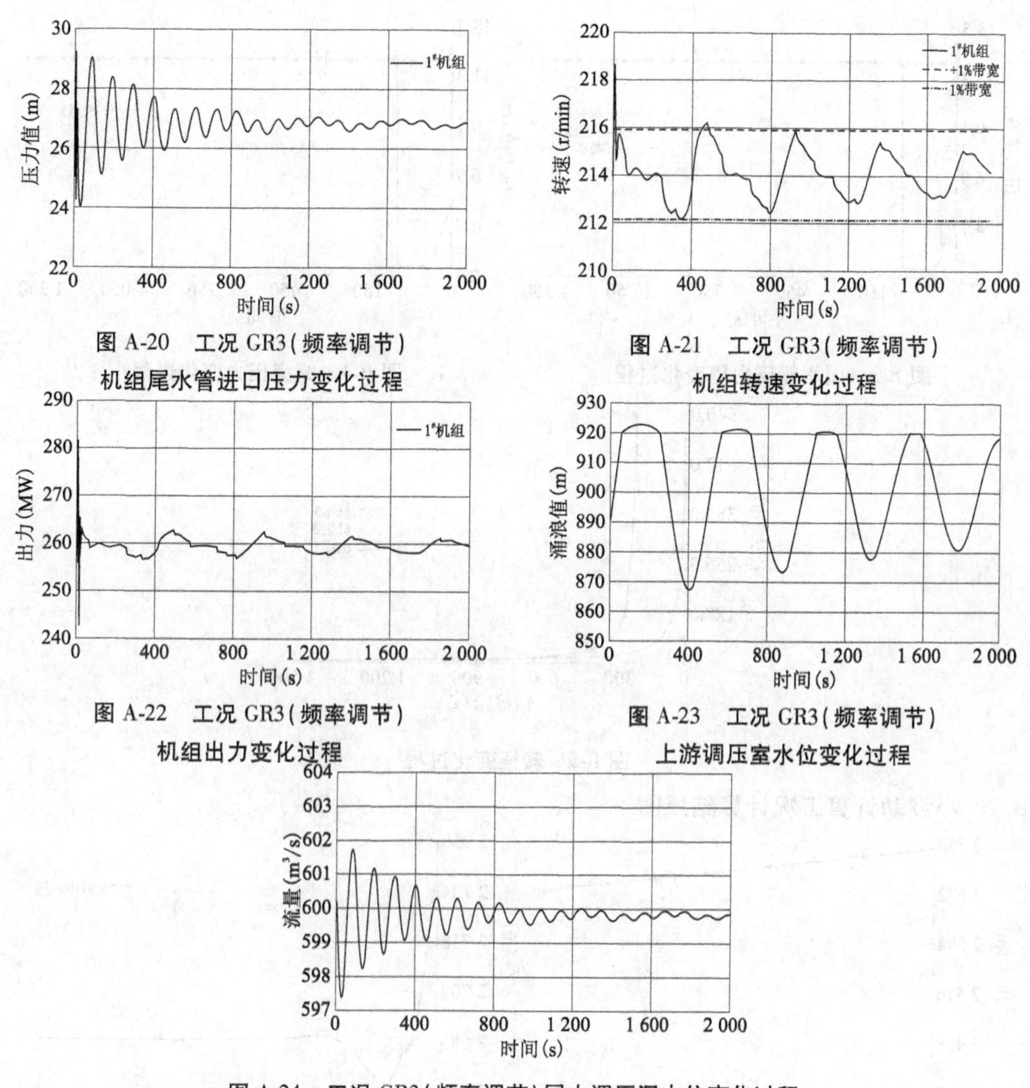

图 A-20　工况 GR3(频率调节)机组尾水管进口压力变化过程

图 A-21　工况 GR3(频率调节)机组转速变化过程

图 A-22　工况 GR3(频率调节)机组出力变化过程

图 A-23　工况 GR3(频率调节)上游调压室水位变化过程

图 A-24　工况 GR3(频率调节)尾水调压洞水位变化过程

附录 B　齐热哈塔尔水电站附图

B.1　大波动计算工况计算结果图

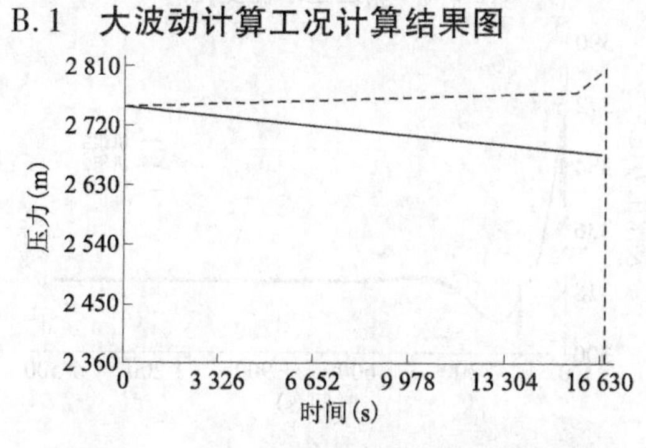

图 B-1　机组 J11 沿线压力极值分布图

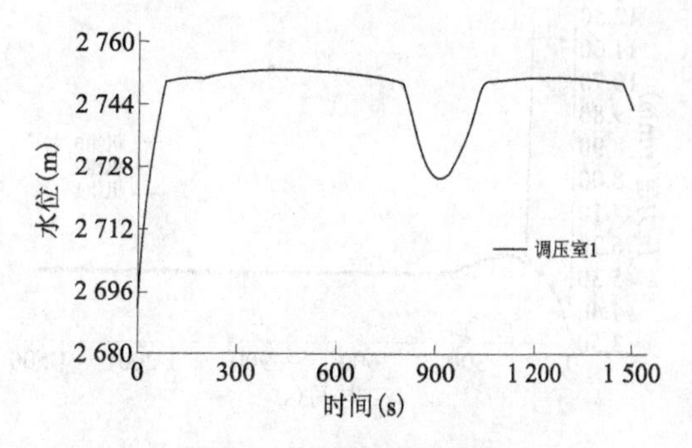

图 B-2　调压室水位变化

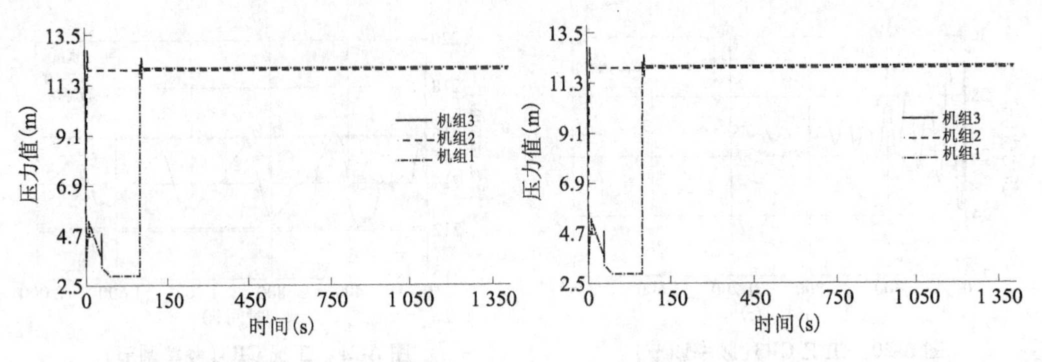

图 B-3　尾水管压力值变化过程

图 B-4　蜗壳压力变化过程

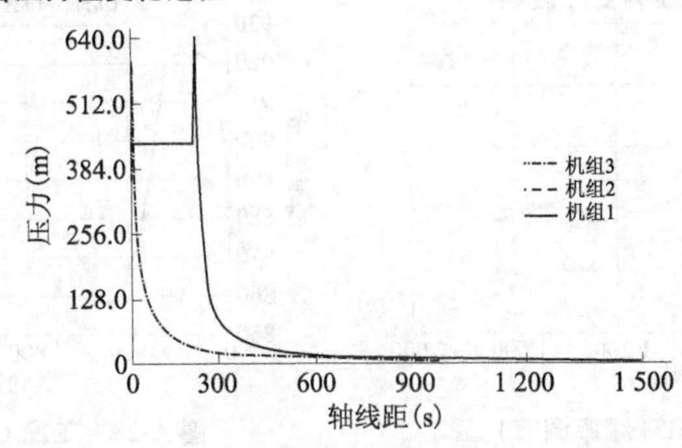

图 B-5　转速变化过程

B.2　小波动计算工况计算结果图

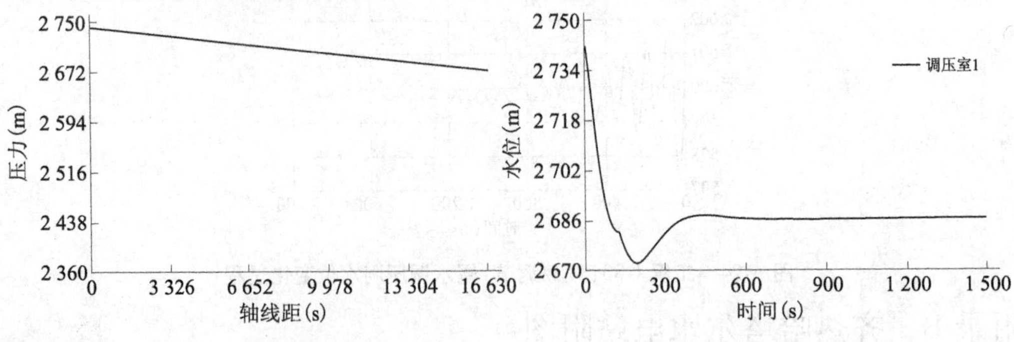

图 B-6　机组 J11 沿线压力极值分布图

图 B-7　调压室水位变化

图 B-8　尾水管压力值变化过程

图 B-9　蜗壳压力变化过程

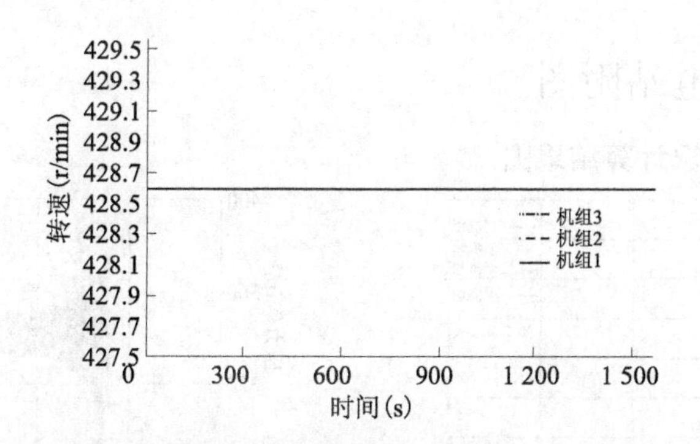

图 B-10　转速变化过程

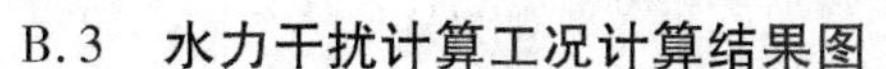

B.3　水力干扰计算工况计算结果图

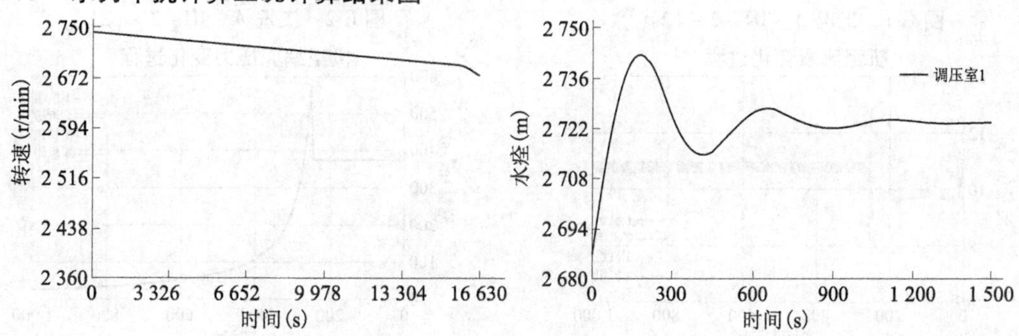

图 B-11　机组 J11 沿线压力极值分布图

图 B-12　调压室水位变化

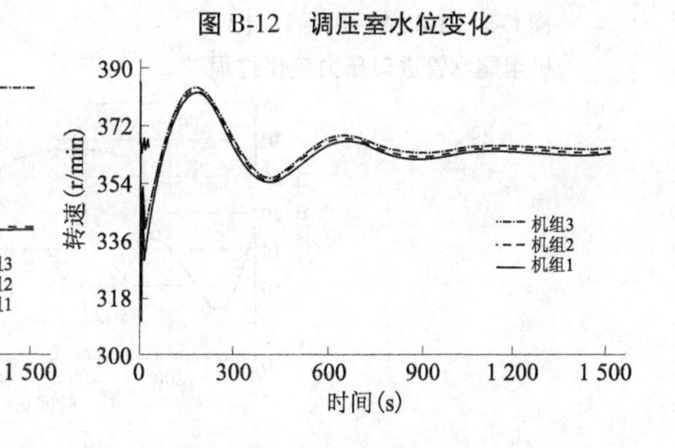

图 B-13　尾水管压力值变化过程

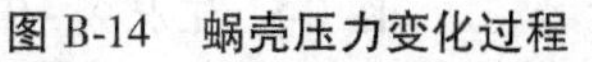

图 B-14　蜗壳压力变化过程

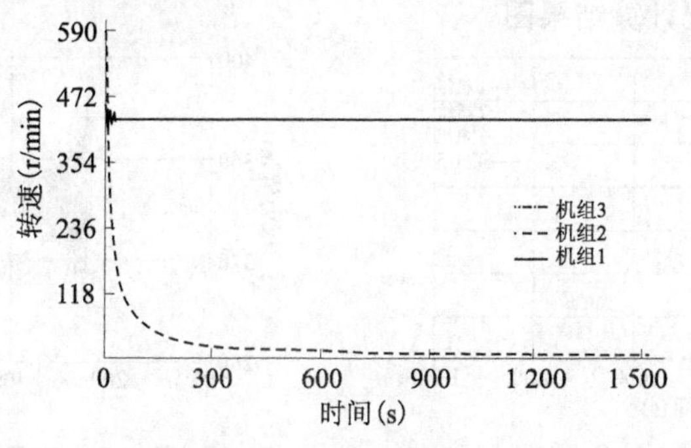

图 B-15　转速变化过程

附录 C JH 水电站附图

C.1 大波动计算工况计算结果图

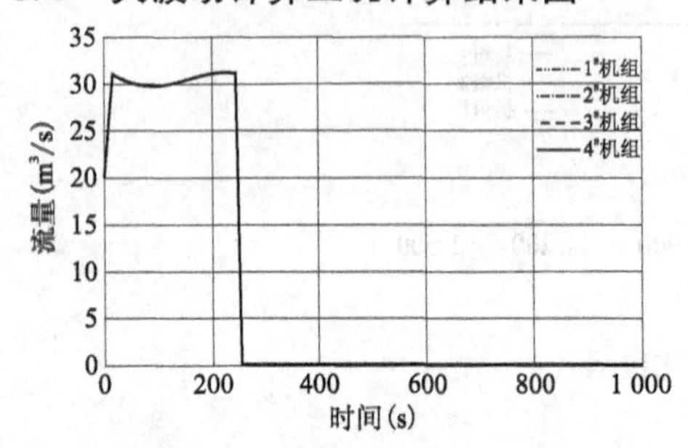

图 C-1 工况 A－JH－2－(2)

机组流量变化过程

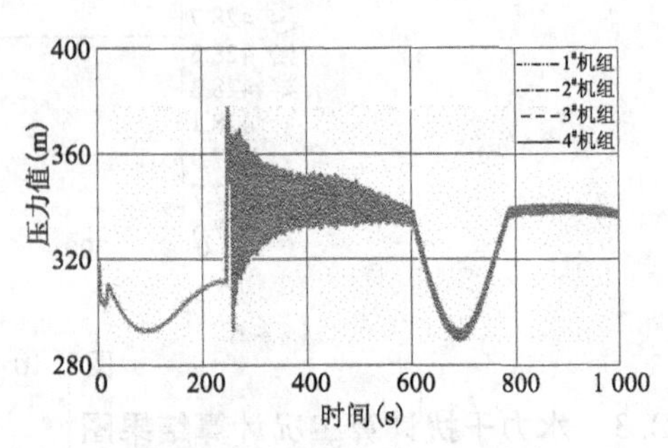

图 C-2 工况 A－JH－2－(2)

机组蜗壳压力变化过程

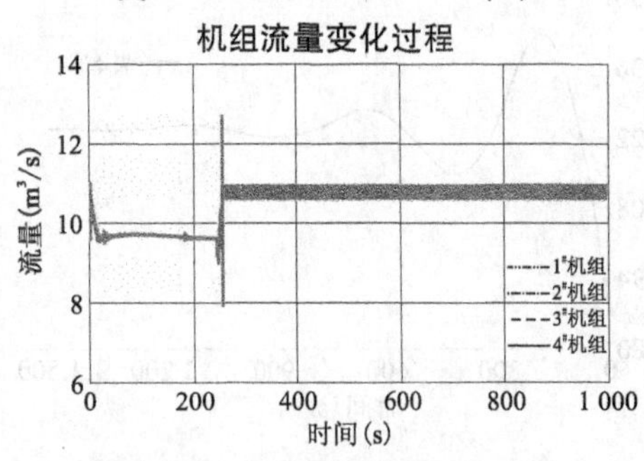

图 C-3 工况 A－JH－2－(2)

机组尾水管进口压力变化过程

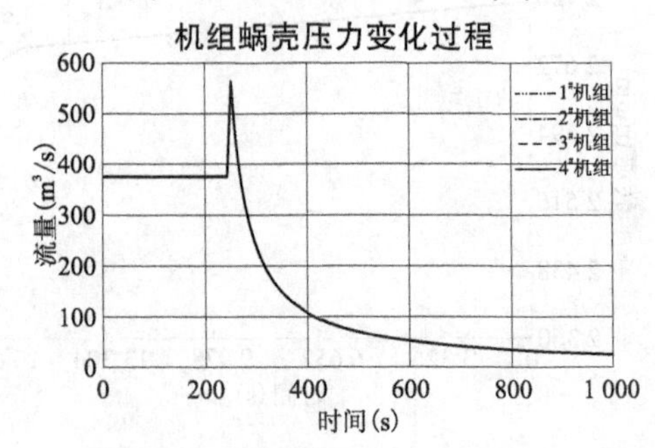

图 C-4 工况 A－JH－2－(2)

机组转速变化过程

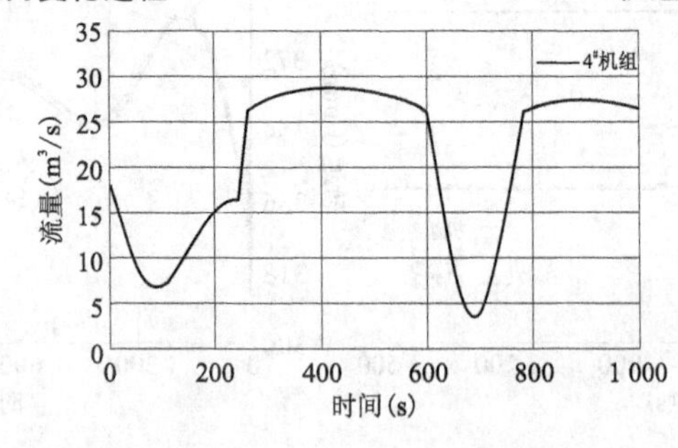

图 C-5 工况 A－JH－2－(2)机组上游调压室水位变化过程

C.2 小波动计算工况计算结果图

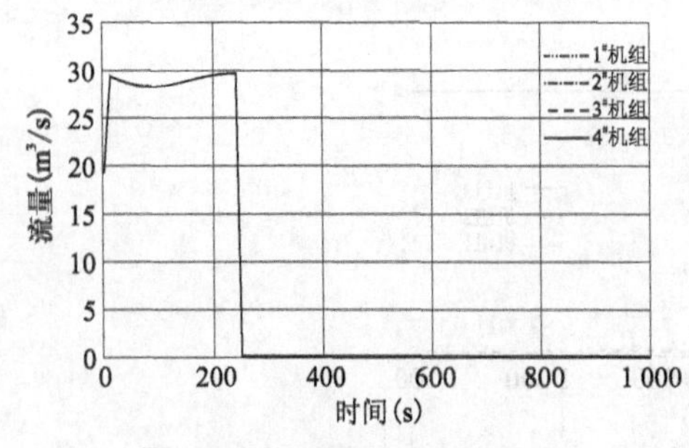

图 C-6 工况 B－JH－3－(2)

机组流量变化过程

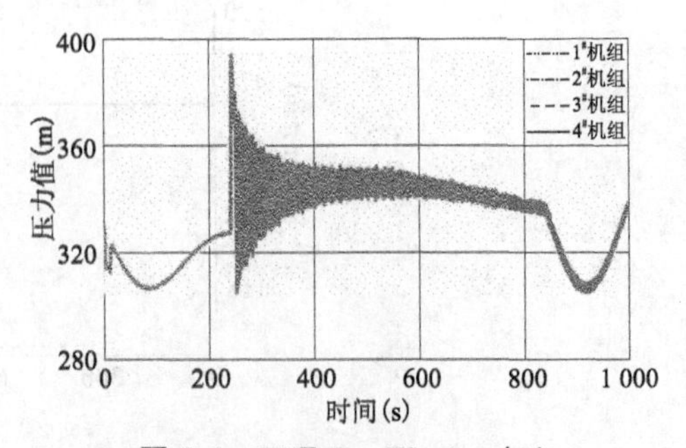

图 C-7 工况 B－JH－3－(2)

机组蜗壳压力变化过程

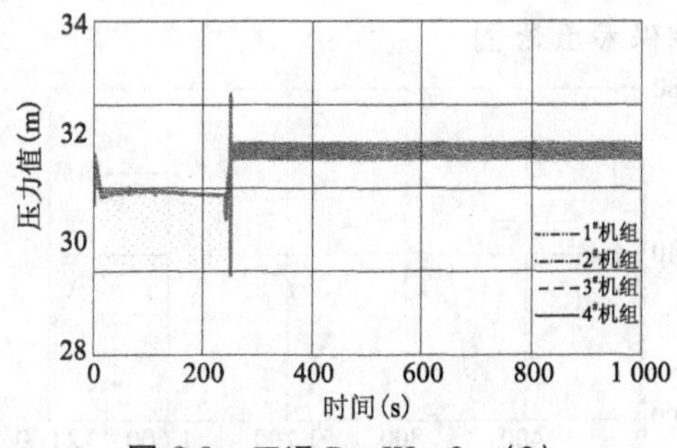

图 C-8　工况 B－JH－3－(2)
机组尾水管进口变化过程

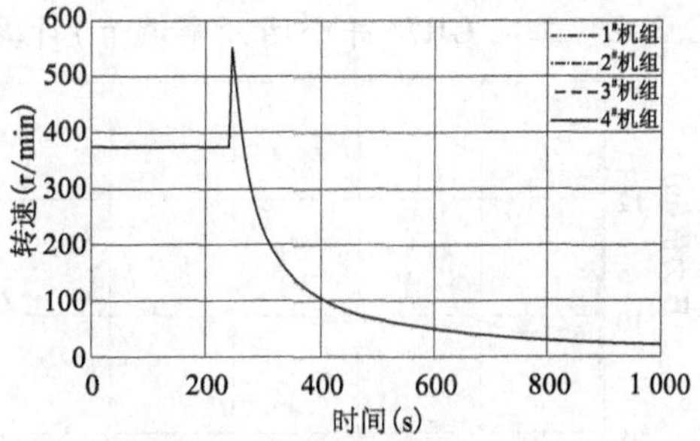

机组转速变化过程

图 C-9　工况 B－JH－3－(2)
机组转速变化过程

C.3　水力干扰计算工况计算结果图

C.3.1　工况 GR11(并大网频率调节)计算结果调保参数附图

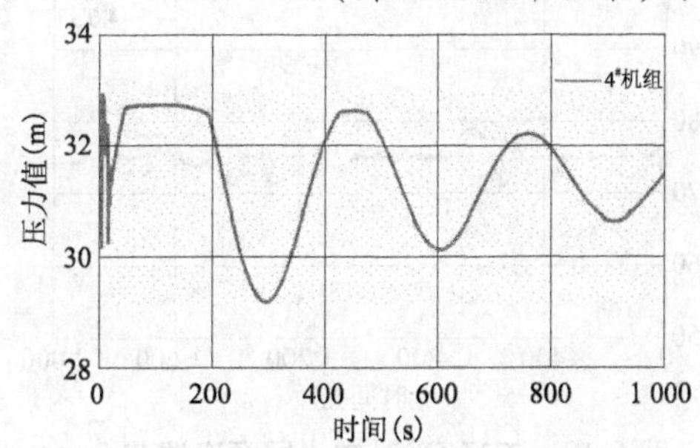

图 C-10　工况 GR11(并大网频率调节调节)
机组流量变化过程

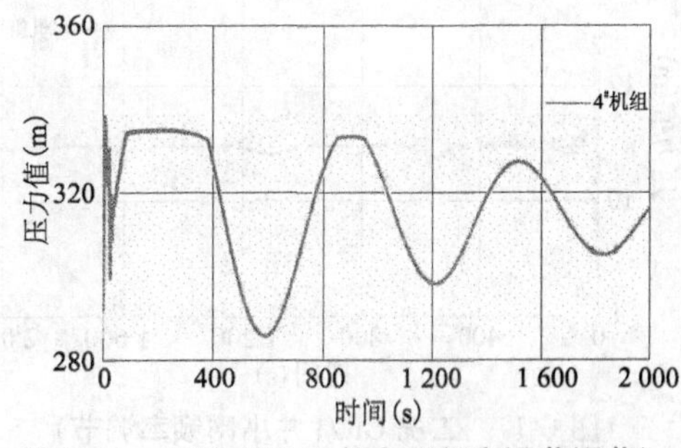

图 C-11　工况 GR11(并大网频率调节)
机组蜗壳压力变化过程

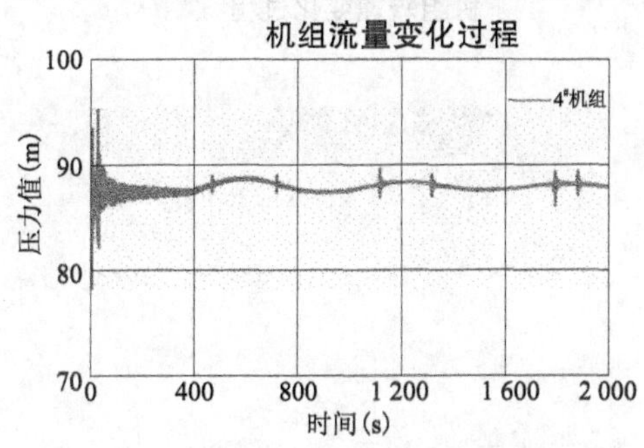

图 C-12　工况 GR11(并大网频率调节调节)
机组尾水管进口压力变化过程

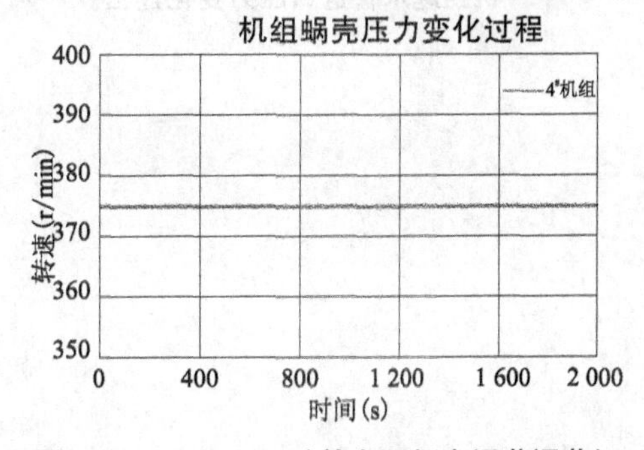

图 C-13　工况 GR11(并大网频率调节调节)
机组转速变化过程

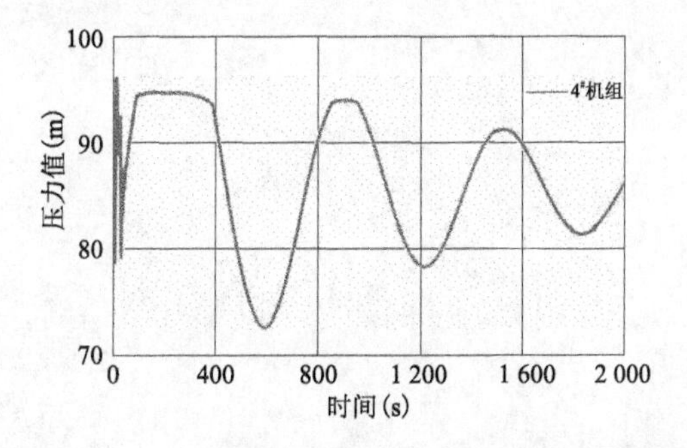

图 C-14　工况 GR11(并大网频率调节调节)机组出力变化过程

C.3.2　工况 GR7(并小网频率调节)计算结果调保参数附图

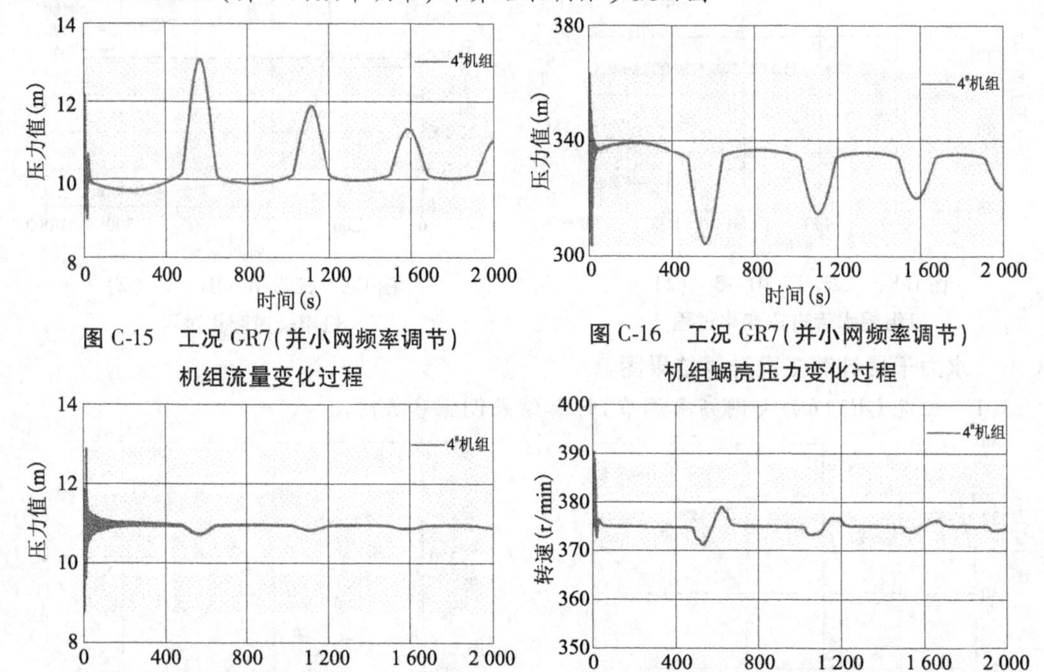

图 C-15　工况 GR7(并小网频率调节)机组流量变化过程

图 C-16　工况 GR7(并小网频率调节)机组蜗壳压力变化过程

图 C-17　工况 GR7(并小网频率调节)机组尾水管进口压力变化过程

图 C-18　工况 GR7(并小网频率调节)机组转速变化过程